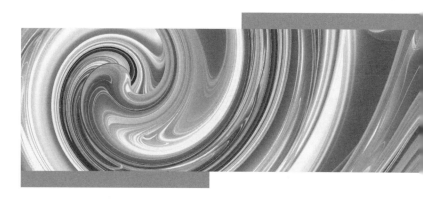

テキストブック
電気回路 ◀

本田 徳正 [著]
Honda Norimasa

Ohmsha

まえがき

　電気回路は，電気工学，通信工学，電子工学などで学ぶ学生にとって最も重要な基礎科目の一つでありますが，電気回路がむずかしいという学生が多いのが現状です．また，現在出版されている電気回路の教科書や参考書は初学者にとっては意外と高度すぎるものが多く，理解しやすい教科書や参考書が少ないように思われます．

　そこで本書は，電気回路の基礎理論に重点を置き，正確，簡潔，平易を旨とした電気回路の入門書として企画したものです．全体を直流編と交流編に分け，比較的理解の容易な直流回路で電気回路の基本的な法則や定理を説明しました．理論的な説明を加えたうえで，それらの理解を深め，実際的な力をつけるため「例題」を多数取りあげ，それらの詳しい「解説」をもうけてありますので十分学習して下さい．

　電気回路に関する知識を身につけるためには，日頃から自分で"コツコツ"と繰り返し問題を解いてみることが必要です．

　本書は電気回路の基礎理論に重点を置いていますので，三相交流，ひずみ波交流，四端子回路網，過渡現象などに関する理論は，他の参考書で勉強されることを望みます．

　なにぶん浅学非才ゆえ，記述上の不備や検討を加えなければならない点も多々あろうかと思われます．読者諸氏の御意見，御指摘を頂けますならば，これによってよりよきものにしてゆきたいと願っております．

　末筆ながら，本書の執筆に際して終始，有益な助言や激励を頂いた（株）日本理工出版会の方がたに心から感謝の意を表します．

　　　　昭和 61 年 1 月 30 日

　　　　　　　　　　　　　　　　　　　　　　　本田　徳正

目　　次

第Ⅰ編　直　流　回　路

5 章　直流回路の解き方

6 章　回路の定理

7 章　Y-Δ 変換

第Ⅱ編　交流回路

8 章　正弦波交流

13章　相互インダクタンス

14章　交流ブリッジ回路

第Ⅰ編　直 流 回 路

　　線形な回路であれば，直流回路と交流回路を分けて考える必要はない．しかし，交流回路では大きさと同時に位相も考えなくてはならず，直流回路に比べ回路解析はやや複雑となる．そこで，まず，直流回路において，電気回路における基本的な性質について学習し，十分理解できたうえで交流回路に入って行くことにしよう．もちろん，直流回路で学習した内容は，線形な交流回路に適用できることは当然である．

$\boldsymbol{1}$ 章　電流と電圧

1.1　電　　荷

　ガラス棒を絹布で摩擦すると，ガラス棒，絹布にそれぞれ静電気が発生し，軽い小紙片等を吸引するような性質をもつ現象は古くからよく知られていた．このような場合，摩擦することによってそれぞれの物体は**帯電した**（electrified）とか，

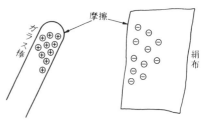

図1・1　摩擦電気の発生

物体に**電荷**（electric charge）が生じたという．この電荷を生じた物体を**帯電体**という．

　電荷には2種類あって，これら2種類の電荷は，便宜上，正（＋），負（－）の符号を付けて区別している．ガラス棒には正電荷（陽電荷），絹布には負電荷（陰電荷）が発生する．この正・負の区別は全く任意で，歴史的な約束として表1・1のように定められている．

表1・1　摩擦電気序列

①毛皮	②水晶	③雲母	④ガラス	⑤木綿	⑥紙	⑦絹布	⑧コハク	⑨樹皮	⑩金属	⑪イオウ	⑫エボナイト

　表のなかの任意の2つをとって**摩擦**すると，上位（表の左側）に位置するものが正電荷（＋）を，下位に位置するものが負電荷（－）を生ずると定められている．

　摩擦電気（静電気）にはつぎのような性質がある．

　⑴　電荷は2種類ある．

　⑵　異種の電荷を帯びた2つの物体は互いに引き合う．

(3)　同種の電荷を帯びた2つの物体は互いに反発する.

1.2　電気と物質

　すべての物質は分子よりなり，ま
た分子は原子の集合である．原子は
原子核と電子からなり，原子核には
正電荷をもったいくつかの陽子と，
電荷をもたない中性子が含まれてい

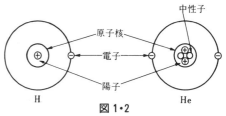

図 1・2

る．電子の数は陽子の数と等しく，負の電荷をもっており，原子核のまわりの定
まった軌道を回っていると考えられている．普通の状態では，物質は原子核のも
つ正電荷の総量と電子のもつ負電荷の総量が完全に等量であるため電気的に中性
で，外部に対して電気的性質を示さないのである．原子の外側の軌道を回ってい
る電子は，原子核との拘束力が比較的に小さいので，原子から離れやすく，物質
の内部を自由に移動したり，物質から離れたりすることができる．このような電
子を**自由電子**という．

　ガラス棒と絹布を摩擦すると，摩擦エネルギーを受けて比較的自由電子の飛び
出しやすいガラス棒から絹布に電子が移り，その結果，ガラス棒は電子が不足し，
相対的に正電荷が多くなり正に帯電することになる．一方，絹布は電子が過剰に
なるので負に帯電すると考えられている．実際には，摩擦電気の発生機構は複雑
でわからない点が多い.

1.3　電　　流

　正電荷をもつ物質Aと，陰電荷をもつ物
質Bを導体でつなぐと，両電荷間には吸引
力が働きBの負電荷（自由電子）はAの正
電荷に引かれて移動し，電気的に中和され
消滅する．すなわち，BからAの向きに電

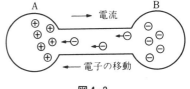

図 1・3

子の流れを生ずる．この場合，AからBに電流が流れたという．

　電流の流れる方向は電子の移動の方向と反対方向である．歴史的に電流という
ものは，正電荷から負電荷の方向へ流れると定めたためである．後年，物理的に

詳しく調べられ，電流は電子の移動であることがわかったのであるが，習慣上，電子の移動と反対方向に電流が流れると取り扱われている．

　電流の強さの記号は I（直流）または i（交流）で表わし，単位は**アンペア**[*1]〔A〕を用いる．

　電流の強さは，導体の任意の断面を単位時間内に移動する電気量[*2]で表わす．

　導体の断面を t 秒間に Q〔C〕の電荷が通過するとき，電流の強さ I は

$$I = \frac{Q}{t} \text{〔A〕，〔C/s〕} \tag{1·1}$$

と表わされる．電流の実用単位は〔A〕であるが，上式のように物理単位は〔C/s〕である．

　断面を通過する電荷が，時間とともに変化する場合（交流の場合）は

$$i = \frac{dQ}{dt} \tag{1·2}$$

と表わされる．

1.4　電位・電位差

　図1·3のように2点間を導体で結んだとき電荷の移動がある場合，この2点間には**電位差**（potential difference）または**電圧**があるという．

　2点間の電位差は，その2点間を単位正電荷（＋1〔C〕）を移動したときにする仕事[*3] によって表わされる．

　電位差の記号は V で，単位はボルト〔V〕[*4] を用いる．また，電位差の物理単位は，定義からすれば〔J/C〕である．

　ある点の**電位**（electric potential）とは，無限遠点（基準点）から単位正電荷（＋1〔C〕）を運んでくるのに要する仕事と定めてある．通常，無限遠点は実現することができないので，大地に接地（アース）することで基準点としている．

---

*1　André Marie Ampére（フランスの物理学者）の業績にちなんで名づけられた．
*2　電気量の単位はクーロン（C）である．Charles Augustin Coulomb（フランスの物理学者）の業績にちなんで名づけられた．
*3　仕事の単位はジュール（J）である．
*4　Alessandro Volta（イタリアの物理学者）の業績にちなんで名づけられた．

1.5 起電力と電源

（1） 起電力（electro-motive force 略して emf）

電位差を維持する能力をもつものを起電力という．

（2） 電源（electric source）

一般に，電池のように引き続いて起電力を発生し電流の根源となるものを電源という．電源は起電力と内部抵抗（内部抵抗については後述する）をもっている．

起電力の高電位側に図 1・4 に示すように矢印をつける．電流はこの矢印の方向，すなわち高電位側から低電位側に向かって流れる．

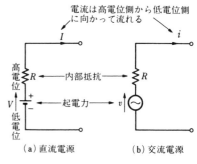

（a）直流電源   （b）交流電源

図 1・4

1 章　演習問題

1　導体の断面を 5 秒間に 10〔C〕の電荷が通過したとき，何〔A〕の電流が流れたことになるか．

2　2〔A〕の電流が 5 秒間流れたならば，何〔C〕の電荷が通過したことになるか．

3　3〔A〕の電流が 5 秒間流れたならば，何個の電子が移動したことになるか．

4　2〔C〕の電荷を A 点から B 点まで移動するのに 10〔J〕のエネルギーが必要である．A B 間の電位差はいくらか．

5　A 点の電位が 5〔V〕，B 点の電位が－2〔V〕であるとき，A B 間の電位差はいくらか．

2 章　オームの法則とキルヒホッフの法則

2.1 オームの法則

オームの法則は電気回路における最も基本的な法則
で，電圧と電流，および抵抗の間の定量的な関係を示
すものである．

図 2·1 において，回路を流れる電流 I 〔A〕は，加え
た電圧 V 〔V〕に比例し，比例定数を $1/R$ とすれば，
つぎの式が成立する．

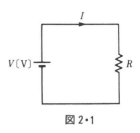

図 2·1

$$I = \frac{V}{R} \ \text{〔A〕} \tag{2·1}$$

これをオームの法則といい，R を**電気抵抗**，または単に**抵抗**という．この法則
はドイツの物理学者オーム（Georg Simon Ohm, 1789 ~ 1854）によって発
表された[*1]．

（1）　抵抗の単位

抵抗の単位には，オーム[*2]を用いる．オームの単位記号は〔Ω〕である．抵抗
の値が，非常に大きい場合や，小さい場合には次の単位で扱うことがある．

キロオーム　 $1 \text{〔k}\Omega\text{〕} = 1\ 000 \text{〔}\Omega\text{〕} = 1 \times 10^3 \text{〔}\Omega\text{〕}$

メグオーム　 $1 \text{〔M}\Omega\text{〕} = 1\ 000 \text{〔k}\Omega\text{〕}= 1 \times 10^6 \text{〔}\Omega\text{〕}$

ミリオーム　 $1 \text{〔m}\Omega\text{〕} = \ \ 1 \times 10^{-3} \text{〔}\Omega\text{〕}$

マイクロオーム　 $1 \text{〔}\mu\Omega\text{〕} = \ \ 1 \times 10^{-6} \text{〔}\Omega\text{〕}$

（2）　なぜ R を"抵抗"というのか？

[*1]　オームは貧しい錠前師の子として生まれ，苦学し，独学で学位を得て，1827 年に，この法
則を公表したが，自然哲学が支配する当時のドイツでは認められず，後年この業績が認めら
れるようになった．

[*2]　抵抗の単位オームは，G. S. Ohm の業績にちなんで名づけられた．

オームの法則は式（2·1）に示すように

$$I = \frac{V}{R}$$

である．電気回路に一定の電圧 V が加わっていれば，R の値が大きいと，電流 I の値が小さくなる．R の値が大きいということは，電流が流れにくいということになるので，R が大きいほど電流の流れるのを妨げる．つまり，電流の流れに抵抗するという意味で，Resistance（さからう）の頭文字をとって抵抗 R という．

ところで，R の記号の代りに，抵抗 R の逆数

$$R = \frac{1}{G} \ \text{〔Ω〕} \qquad \therefore \ G = \frac{1}{R} \ \text{〔S〕}$$

という記号を用いることがある．この G* を**コンダクタンス**(conductance)という．G の単位には**ジーメンス**〔S〕が用いられる．この記号を用いれば（2·1）のオームの法則は

$$I = GV$$

と書ける．この場合は，G の値が大きいほど電流の値が大きくなる．

（3） オームの法則の使い方

オームの法則は電圧，電流，抵抗の３つの関係によって決まるので，このうち２つがわかればあとの１つは計算によって求めることができる．**図 2·2** の（a），（b），（c）について，式（2·1）を変形してそれぞれ

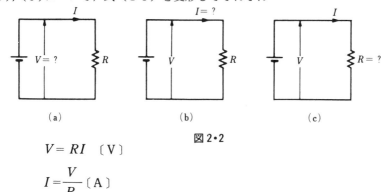

(a)　　　　　　(b)　　　　　　(c)

図 2·2

$$V = RI \ \text{〔V〕}$$

$$I = \frac{V}{R} \ \text{〔A〕}$$

---

* conductance：伝導すなわち，電流を導くということで，抵抗とは反対に流れやすさを示す．頭文字 C を用いると，コンデンサ C とまぎらわしくなるので G を用いる．

$$R = \frac{V}{I} \ \text{〔Ω〕}$$

として使い分ける.

以上オームの法則についてまとめると

<table>
<tr><td>

オームの法則

$V = RI$ 〔V〕

$I = \dfrac{V}{R}$ 〔A〕

$R = \dfrac{V}{I}$ 〔Ω〕

</td><td>

G を用いて表現すると

$V = \dfrac{I}{G}$ 〔V〕

$I = GV$ 〔A〕

$G = \dfrac{I}{V}$ 〔S〕

</td></tr>
</table>

（2·2）

となる.

例題 2·1　図 2·3 の（a），（b），（c）について，電圧 V，電流 I，抵抗 R の値を求めよ.

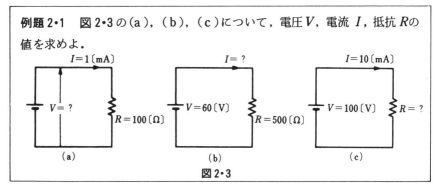

(a)　(b)　(c)

図 2·3

解説

（a）　$V = RI = 100 \times 10^{-3} = 0.1$ 〔V〕$= 100$ 〔mV〕

（b）　$I = \dfrac{V}{R} = \dfrac{60}{500} = 0.12$ 〔A〕$= 120$ 〔mA〕

（c）　$R = \dfrac{V}{I} = \dfrac{100}{10 \times 10^{-3}} = 10 \times 10^{3}$ 〔Ω〕$= 10$ 〔kΩ〕

2.2　キルヒホッフの**法則**

電気回路が複雑になってくると，オームの法則だけでは解析することができな

くなる．そこで，このような複雑な回路の解析には，キルヒホッフの法則を使う．

キルヒホッフの法則については後ほど節を改めて詳しく説明するので，ここでは簡単な説明にとどめておく．この法則は，つぎの2つの法則からなっている．

（1） キルヒホッフの第1法則（キルヒホッフの電流の法則）

線形な回路網中の任意の1点に流入する電流の総和と，流出する電流の総和は等しい．

たとえば，**図2・4**の接続点Pにこの法則を適用すると

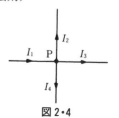

$$I_1 = I_2 + I_3 + I_4$$

ということになる．

図2・4

（2） キルヒホッフの第2法則（キルヒホッフの電圧の法則）

線形な回路網中の任意の閉回路において，一定の方向にたどった起電力の総和は，電圧降下の総和に等しい．

図2・5の〔I〕の閉回路にこの法則を適用すると

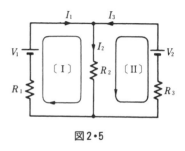

$$V_1 = R_1 I_1 + R_2 I_2$$

となり，〔II〕の閉回路では

$$V_2 = R_2 I_2 + R_3 I_3$$

となる．

図2・5

2.3 抵抗の直列接続

図2・6のように抵抗R_1とR_2を直列に接続したときの合成抵抗を考えてみよう．

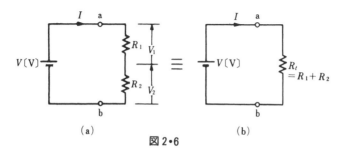

図2・6

キルヒホッフの電圧の法則より

$$V = V_1 + V_2 \tag{2·3}$$

（ V_1 および V_2 を，抵抗 R_1 および R_2 の電圧降下という）

つぎに，オームの法則より

$$V_1 = R_1 I \tag{2·4}$$

$$V_2 = R_2 I \tag{2·5}$$

である．このとき，電流 I は R_1 と R_2 に共通に流れることに注意する．

式（2·4），（2·5）を式（2·3）に代入すると

$$V = R_1 I + R_2 I = (R_1 + R_2) I$$

となる．ゆえに

$$\frac{V}{I} = R_1 + R_2 \quad [\Omega] \tag{2·6}$$

となる．ところで，ab 端からみた場合，加えた電圧 V と流れる電圧 I との比は抵抗を意味するので，式（2·6）の V/I はab 間の抵抗を表わしている．これを R_t で表わすと

$$R_t = R_1 + R_2 \quad [\Omega]^*$$

となり，R_t を**直列合成抵抗**という．したがって，（a）の回路は等価的に（b）のように1個の抵抗で表わすことができる．

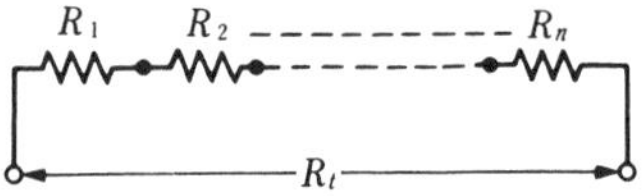

図2·7

すなわち，直列接続の合成抵抗 R_t は，それぞれの抵抗を単に加えたものといえる．したがって，図2·7 に示すように，一般に n 個の抵抗が直列に接続されている回路の直列合成抵抗はつぎのようになる．

$$R_t = R_1 + R_2 + \cdots\cdots + R_n [\Omega] \tag{2·7}$$

となる．

例題 2·2 図 2·8 のように直列接続された抵抗の合成抵抗を求めよ．

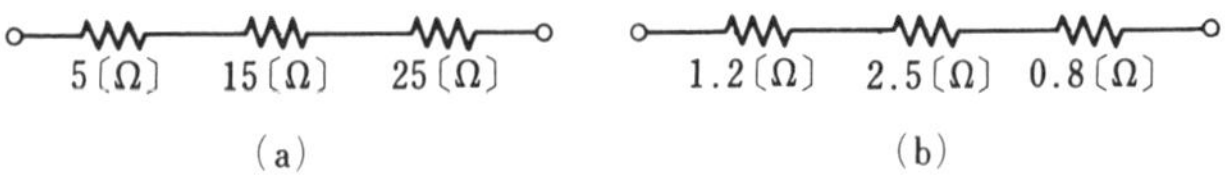

5〔Ω〕 15〔Ω〕 25〔Ω〕

（a）

1.2〔Ω〕 2.5〔Ω〕 0.8〔Ω〕

（b）

図2·8

---

* 添字の t は total（全体の）の頭文字である．

解説

(a) の回路　　$R_t = 5 + 15 + 25 = 45$〔Ω〕

(b) の回路　　$R_t = 1.2 + 2.5 + 0.8 = 4.5$〔Ω〕

2.4 電圧降下

$R_1 = 20$〔Ω〕と，$R_2 = 30$〔Ω〕の直列接続に，$V = 100$〔V〕が加えられている図2•9の回路について考えてみる.

合成抵抗 R_t は

$$R_t = R_1 + R_2 = 20 + 30$$
$$= 50 〔Ω〕$$

であるから，回路に流れる電流 I は

$$I = \frac{V}{R} \quad （オームの法則）$$

$$= \frac{100}{50} = 2 〔A〕$$

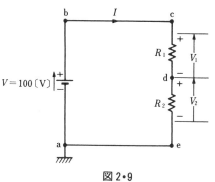

図2•9

となる. したがって，R_1 および R_2 の抵抗の両端にはオームの法則によって

$$V_1 = R_1 I = 20 \times 2 = 40 〔V〕$$

$$V_2 = R_2 I = 30 \times 2 = 60 〔V〕$$

の電圧が現れる. この抵抗の両端に現れる電圧を電圧降下（逆起電力ということもある）という.

図2•9でa点を基準*にとり，a→b→c→d→e と電流が流れる方向にたどって電位の変化を考えてみる. 図2•10はa点で回路を切り離して，各点の電位の変化を描いたものである. a

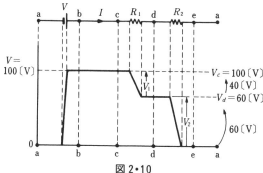

図2•10

点の電位は0であるが，起電力のところで電位が V だけ上がり，そのまま一定の

---

* 基準電位に選ぶということで，通常，零電位とする. すなわち，大地にアース（接地）する.

電位でc点まで達する．c点の電位は100〔V〕である．c点とd点の間には抵抗 R_1 があり，c-d間の電圧，すなわち抵抗 R_1 の両端の電圧は V_1（40〔V〕）である．電流はc点からd点へ向かって流れているのであるから，c点の電位 V_c の方がd点の電位より V_1（40〔V〕）だけ高いということである．したがって，d点の電位 V_d は

$$V_d = V_c - V_1 = 100 - 40 = 60〔\mathrm{V}〕$$

であり，電流が抵抗 R_1 を流れることによって電圧が，$V_1 = R_1 I$（40〔V〕）だけ降下したことを意味している．

　同様のことはd-e間，すなわち R_2 の両端についてもいえる．e点はa点と同じであるから零電位であり，d点の電位は60〔V〕であるから，d点の電位の方がe点の電位より $V_2 = R_2 I$（60〔V〕）だけ高い．したがって，電流が抵抗 R_2 を流れることによって電圧が $V_2 = R_2 I$（60〔V〕）だけ降下したことを意味している．

　このように抵抗に電流 I が流れると，その抵抗 R によって，RI の電圧降下を生ずることがわかる．

例題2・3　図2・11の回路において，合成抵抗 R_t，電流 I および各抵抗の電圧降下を求めよ．

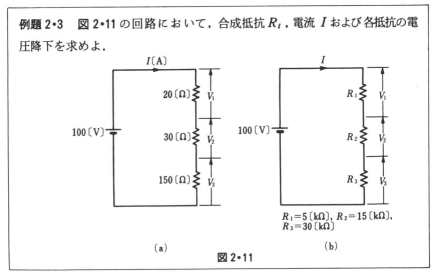

図2・11

解説　（a）の回路　$R_t = 20 + 30 + 150 = 200$〔Ω〕

流れる電流 I はオームの法則により

$$I = \frac{V}{R_t} = \frac{100}{200} = 0.5 \,(\text{A})$$

となるから，各抵抗の電圧降下は

$$V_1 = 20 \times I = 20 \times 0.5 = 10 \,(\text{V})$$
$$V_2 = 30 \times I = 30 \times 0.5 = 15 \,(\text{V})$$
$$V_3 = 150 \times I = 150 \times 0.5 = 75 \,(\text{V})$$

となる．

（b）の回路　　$R_t = 5\,(\text{k}\Omega) + 15\,(\text{k}\Omega) + 30\,(\text{k}\Omega) = 50\,(\text{k}\Omega)$

流れる電流 I はオームの法則により

$$I = \frac{V}{R_t} = \frac{100}{50 \times 10^3} = 0.002\,(\text{A}) \quad (2\,(\text{mA}))$$

となるから，各抵抗の電圧降下は

$$V_1 = R_1 I = 5 \times 10^3 \times 2 \times 10^{-3} = 10\,(\text{V})$$
$$V_2 = R_2 I = 15 \times 10^3 \times 2 \times 10^{-3} = 30\,(\text{V})$$
$$V_3 = R_3 I = 30 \times 10^3 \times 2 \times 10^{-3} = 60\,(\text{V})$$

となる．

2.5　電圧の分圧

　抵抗に電流が流れると電圧降下を生ずることがわかった．図2・9 でキルヒホッフの電圧の法則によって，

$$V = V_1 + V_2 = R_1 I + R_2 I$$
$$100 = 40 + 60 \,(\text{V})$$

が成立する．このことは，回路に加えた起電力100〔V〕が直列接続された抵抗 R_1 と R_2 によって，40〔V〕と60〔V〕に分配されたことを意味する．これを抵抗による**電圧の分圧**という．分圧値は抵抗の両端に現れる電圧降下を利用したもので，それぞれの抵抗値に比例することがわかる．

> **例題 2・4**　　0から150〔V〕まで測定できる内部抵抗 $r_v = 1\,000\,(\Omega)$ の電圧計がある．この電圧計で0から600〔V〕までの電圧を測定するようにするにはどのようにしたらよいか．

解説

電圧計の測定範囲を拡大するには，抵抗の分圧の考え方を用いる．**図2・12**のように，電圧計と直列に抵抗 R_m を接続し，600〔V〕の電圧を r_v で150〔V〕，R_m で450〔V〕分圧するようにすればよい．このように，電圧計の測定範囲を広げる目的で，電圧計と直列に接続する抵抗を**倍率器**という．

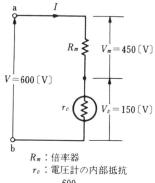

R_m：倍率器
r_v：電圧計の内部抵抗

$$倍率\ m = \frac{600}{150} = 4 \text{〔倍〕}$$

図2・12

また，150〔V〕の電圧計で，600〔V〕の電圧を測定すると，4倍の電圧を測定することになるので，このことを**倍率**が4であるという．

$$倍率\quad m = \frac{V}{V_v} = \frac{600}{150} = 4 \text{〔倍〕}$$

ab端子間に加えた電圧を V，回路に流れる電流を I とすると，r_v の両端電圧 V_v は次式となる．

$$V_v = r_v I = r_v \frac{V}{R_m + r_v} \quad (\quad R_t = R_m + r_v)$$

上式より V と V_v の比，すなわち倍率 m を求めると

$$m = \frac{V}{V_v} = \frac{R_m + r_v}{r_v} = 1 + \frac{R_m}{r_v}$$

ゆえに，倍率器の抵抗 R_m は

$$R_m = r_v(m-1)$$

として求まるので，これに題意の数値を代入すると

$$R_m = 1\,000(4-1) = 3\,000 \text{〔Ω〕}$$

となる．したがって，電圧計に倍率器 $R_m (= 3\,000 \text{〔Ω〕})$ を直列に接続し，その電圧計の目盛を m 倍（4〔倍〕）してメータの指針を読むか，あるいはあらかじめ m 倍した目盛りを電圧計に目盛っておけば，目的の電圧を測定することができる．

例題 2・5　内部抵抗 $r_v = 1000$〔Ω〕，100〔V〕用の電圧計に，5000〔Ω〕の倍率器を接続した場合，何〔V〕まで測定できるか．

解説　例題 2・4を参照して倍率 m は

$$m = 1 + \frac{R_m}{r_m} \tag{①}$$

電圧比では

$$m = \frac{V}{V_v} \qquad\qquad\qquad ②$$

であったから，式①に題意の数値を代入すると

$$m = 1 + \frac{5\,000}{1\,000} = 6$$

これと，式②より

$$6 = \frac{V}{100} \qquad\qquad \therefore\ V = 600\,\text{〔V〕}$$

以上のように，5 000〔Ω〕の倍率器を接続することにより，600〔V〕まで測定することができる．

2.6 抵抗の並列接続

図 2・13 は 3 個の抵抗を並列に接続した電気回路の一例である．この回路の合成抵抗を求めてみる．

並列接続の抵抗 $R_1, R_2,$ R_3 は，ともに電源の両端

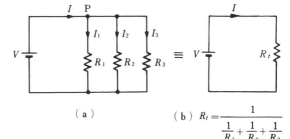

（a）

（b）$R_t = \dfrac{1}{\dfrac{1}{R_1} + \dfrac{1}{R_2} + \dfrac{1}{R_3}}$

図 2・13　抵抗の並列接続

につながっているので，同じ電圧が加わることになる．したがって，オームの法則を用いて，I_1, I_2, I_3 は

$$\left.\begin{array}{l} I_1 = \dfrac{V}{R_1} \\[2mm] I_2 = \dfrac{V}{R_2} \\[2mm] I_3 = \dfrac{V}{R_3} \end{array}\right\} \qquad\qquad (2 \cdot 8)$$

となる．つぎに，キルヒホッフの電流の法則を P 点に適用すれば

$$I = I_1 + I_2 + I_3 \qquad\qquad (2 \cdot 9)$$

となるから，式（2・8）を式（2・9）に代入して

$$I = \frac{V}{R_1} + \frac{V}{R_2} + \frac{V}{R_3} = V\left\{ \frac{1}{R_1} + \frac{1}{R_2} + \frac{1}{R_3} \right\}$$

したがって，並列接続の合成抵抗を R_t とすれば

$$R_t = \frac{V}{I} = \frac{（回路に加えた電圧）}{（回路の全電流）} = \frac{1}{\dfrac{1}{R_1} + \dfrac{1}{R_2} + \dfrac{1}{R_3}} \qquad （2\cdot10）$$

として求められる．したがって，（a）の回路は等価的に（b）のように1個の抵抗
で表わすことができる．

（1）　2個の抵抗の並列接続

図2・14のように，2個の抵抗の並列接続の場合，式（2・10）の結果を応用して

$$R_t = \frac{1}{\dfrac{1}{R_1} + \dfrac{1}{R_2}} = \frac{R_1 R_2}{R_1 + R_2} \qquad （2\cdot11）$$

となる．この結果は，次のようにして覚えておくとよい．

$$R_t = \frac{R_1 R_2}{R_1 + R_2} = \frac{（2個の抵抗の）積}{（2個の抵抗の）和} \qquad （和分の積）$$

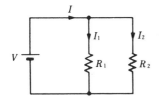

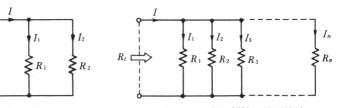

図 2・14　2個の抵抗の並列接続　　　図 2・15　n 個の抵抗の並列接続

（2）　n 個の抵抗の並列接続（図2・15）

$$I_1 = \frac{V}{R_1}, \; I_2 = \frac{V}{R_2}, \; I_3 = \frac{V}{R_3}, \cdots\cdots, \; I_n = \frac{V}{R_n} \qquad （オームの法則）$$

$$I = I_1 + I_2 + I_3 + \cdots\cdots + I_n \qquad （キルヒホッフの電流の法則）$$

$$\therefore \; I = \left\{ \frac{1}{R_1} + \frac{1}{R_2} + \frac{1}{R_3} + \cdots\cdots + \frac{1}{R_n} \right\} V$$

したがって，合成抵抗 R_t は

$$R_t = \frac{V}{I} = \frac{1}{\dfrac{1}{R_1} + \dfrac{1}{R_2} + \dfrac{1}{R_3} + \cdots\cdots + \dfrac{1}{R_n}} \qquad （2\cdot12）$$

または

$$\frac{1}{R_t} = \frac{1}{R_1} + \frac{1}{R_2} + \frac{1}{R_3} + \cdots\cdots + \frac{1}{R_n}$$

の形で用いる場合もある.

（3）　抵抗 *R* の *n* 個並列接続

式（2・12）の結果を応用して

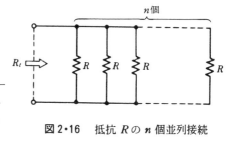

図 2・16　抵抗 *R* の *n* 個並列接続

$$R_t = \frac{1}{\underbrace{\dfrac{1}{R} + \dfrac{1}{R} + \dfrac{1}{R} + \cdots\cdots + \dfrac{1}{R}}_{n\text{個}}}$$

$$\therefore \quad R_t = \frac{R}{n} \tag{2・13}$$

例題 2・6　図 2・17 の合成抵抗を求めよ.

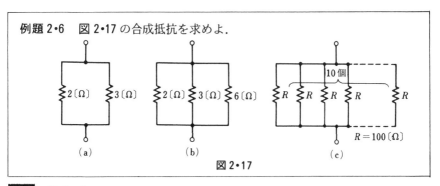

図 2・17

解説　図（a）

$$R_t = \frac{R_1 R_2}{R_1 + R_2} = \frac{2 \times 3}{2 + 3} = 1.2 \,(\Omega)$$

図（b）

$$R_t = \frac{1}{\dfrac{1}{R_1} + \dfrac{1}{R_2} + \dfrac{1}{R_3}} = \frac{1}{\dfrac{1}{2} + \dfrac{1}{3} + \dfrac{1}{6}} = \frac{1}{\dfrac{3 + 2 + 1}{6}} = 1 \,(\Omega)$$

図（c）

$$R_t = \frac{R}{n} = \frac{100}{10} = 10 \,(\Omega)$$

（4）　電流の分流

図 2・18 のように，並列接続した各抵抗
を流れる電流を求めてみる．まず，電源

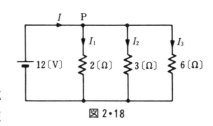

図 2・18

から回路に流れる電流を求めておく. 回路の合成抵抗 R_t は

$$R_t = \frac{1}{\dfrac{1}{R_1} + \dfrac{1}{R_2} + \dfrac{1}{R_3}}$$

$$= \frac{1}{\dfrac{1}{2} + \dfrac{1}{3} + \dfrac{1}{6}} = \frac{1}{\dfrac{3+2+1}{6}} = 1 〔\Omega〕$$

したがって, 電源から回路に流れる電流 I は

$$I = \frac{V}{R_t} = \frac{12}{1} = 12 〔A〕 \tag{2•14}$$

である.

つぎに, オームの法則より各抵抗に流れる電流を求めると

$$I_1 = \frac{12}{2} = 6 〔A〕$$

$$I_2 = \frac{12}{3} = 4 〔A〕$$

$$I_3 = \frac{12}{6} = 2 〔A〕$$

となる. P点にキルヒホッフの電流の法則を適用すると

$$I = I_1 + I_2 + I_3 = 6 + 4 + 2 = 12 〔A〕$$

となり, 前に求めておいた式 (2•14) の値と同じであることがわかる. このように, 並列接続の場合, 電源から回路に流れる電流は, 各抵抗を流れる電流の和で求めることもできる.

各抵抗に流れる電流と電源から回路に流れる電流との関係は

$$I = I_1 + I_2 + I_3$$

であり, 図中P点まで流れてきた電流12〔A〕が, 2〔Ω〕の抵抗へ6〔A〕,3〔Ω〕の抵抗へ4〔A〕, 6〔Ω〕の抵抗へ2〔A〕と分かれて流れるということである. これを**電流の分流**という. この各抵抗に流れる電流を**枝路電流**, または**分路電流**という.

各抵抗に流れる枝路電流は

$$I_1 = \frac{12}{2} = 6 〔A〕$$

$$I_2 = \frac{12}{3} = 4 \,(\text{A})$$

$$I_3 = \frac{12}{6} = 2 \,(\text{A})$$

であり，枝路抵抗が大きくなると，枝路電流は小さくなり，
枝路抵抗が小さくなると，枝路電流は大きくなる．
すなわち，枝路電流は枝路抵抗の
大きさに反比例することがわかる．

**（5） 回路電流が既知の場合の
枝路電流の求め方**

（a） **n**個の抵抗の並列接続

図2・19の回路電流 I が既知の
場合の各枝路電流を求める． ab
間の合成抵抗を R_{ab} とすると

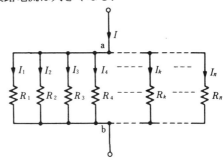

図2・19

$$R_{ab} = \cfrac{1}{\dfrac{1}{R_1} + \dfrac{1}{R_2} + \cdots\cdots + \dfrac{1}{R_k} + \cdots\cdots + \dfrac{1}{R_n}} \qquad (2\cdot15)$$

ab間の電圧を V_{ab} とすれば

$$V_{ab} = R_{ab}I \qquad (2\cdot16)$$

であり，各枝路電流は

$$I_1 = \frac{V_{ab}}{R_1}, \quad I_2 = \frac{V_{ab}}{R_2}, \quad \cdots\cdots, \quad I_k = \frac{V_{ab}}{R_k}, \quad \cdots\cdots, \quad I_n = \frac{V_{ab}}{R_n} \qquad (2\cdot17)$$

であるので，式（2・15），（2・16），（2・17）より各枝路電流は求められる．たと
えば，抵抗 R_k の枝路電流 I_k を求めてみると

$$I_k = \frac{V_{ab}}{R_k} = \cfrac{1}{\dfrac{1}{R_1} + \dfrac{1}{R_2} + \cdots\cdots + \dfrac{1}{R_k} + \cdots\cdots + \dfrac{1}{R_n}} \times I \times \frac{1}{R_k}$$

$$= I \cfrac{\dfrac{1}{R_k}}{\dfrac{1}{R_1} + \dfrac{1}{R_2} + \cdots\cdots + \dfrac{1}{R_k} + \cdots\cdots + \dfrac{1}{R_n}} \qquad (2\cdot18)$$

となる.

（b）　2個の抵抗の並列接続

図2・20の場合の各枝路の電流は，式（2・18）の結果を応用して

$$I_1 = I\frac{\dfrac{1}{R_1}}{\dfrac{1}{R_1}+\dfrac{1}{R_2}} = I\frac{R_2}{R_1+R_2} \qquad (2\cdot19)$$

$$I_2 = I\frac{\dfrac{1}{R_2}}{\dfrac{1}{R_1}+\dfrac{1}{R_2}} = I\frac{R_1}{R_1+R_2} \qquad (2\cdot20)$$

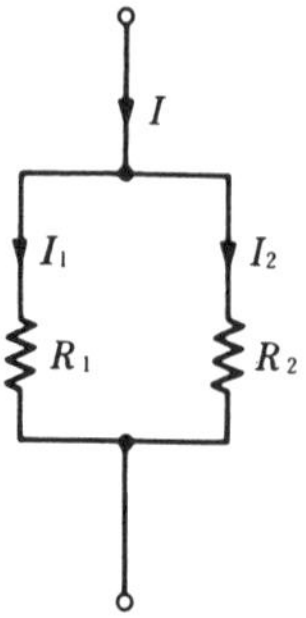

図2・20

となる．この式はよく用いる重要な式なのでぜひ覚えておいて下さい．

この分流の式は次のように覚えておくとよい．

$$枝路電流＝全電流(I)\times\frac{求める電流と反対の枝路抵抗}{2つの抵抗の和} \qquad (2\cdot21)$$

例題 2・7　図2・21の回路で，枝路電流 I_1，I_2 を求めよ．ただし，I は既知で10〔A〕，$R_1 = 2$〔Ω〕，$R_2 = 3$〔Ω〕とする.

解説　式（2・21）を用いて

$$I_1 = I\frac{R_2}{R_1+R_2} = 10\times\frac{3}{2+3} = 6〔A〕$$

$$I_2 = I\frac{R_1}{R_1+R_2} = 10\times\frac{2}{2+3} = 4〔A〕$$

となる.

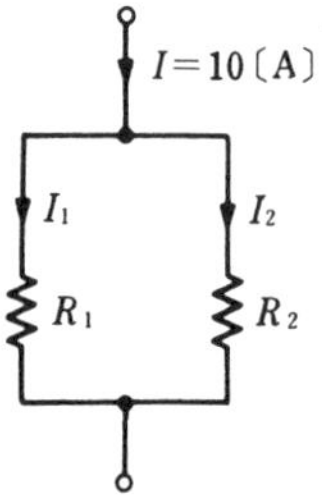

図2・21

例題 2・8　図2・22の回路で，枝路電流 I_2 を求めよ．ただし，I は既知で6〔A〕，$R_1 = 2$〔Ω〕，$R_2 = 3$〔Ω〕，$R_3 = 6$〔Ω〕とする.

解説　式（2・18）を用いて

$$I_2 = I \cfrac{\cfrac{1}{R_2}}{\cfrac{1}{R_1} + \cfrac{1}{R_2} + \cfrac{1}{R_3}} = 6 \times \cfrac{\cfrac{1}{3}}{\cfrac{1}{2} + \cfrac{1}{3} + \cfrac{1}{6}}$$

$$= 6 \times \cfrac{\cfrac{1}{3}}{\cfrac{3 + 2 + 1}{6}} = 2 \,(\text{A})$$

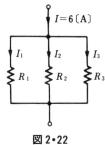

図 2・22

例題 2・9 10 [mA] まで測定できる内部抵抗 $r_a = 4.5$ [Ω] の電流計がある. この電流計で 100 [mA] までの電流を測定するようにするにはどのようにしたらよいか.

解説 電流計の測定範囲を拡大するには, 抵抗による電流の分流の考え方を使う. 図 2・23 のように, 電流計と並列に抵抗 R_s を接続し, 100 [mA]の電流を r_a で 10 [mA], R_s で 90 [mA] 分流するようにすればよい. このように, 電流計の測定範囲を広げる目的で, 電流計と並列に接続する抵抗を**分流器**という. また, 10 [mA] の電流計で, 100 [mA] の電流を測定すると, 10 倍の電流を測定することになるので, このことを分流器の**倍率**という.

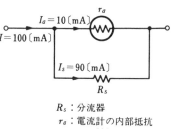

R_s：分流器
r_a：電流計の内部抵抗
倍率 $m = \dfrac{100}{10} = 10$ 〔倍〕

図 2・23

$$倍率 \quad m = \frac{I}{I_a} = \frac{100}{10} = 10 \,(\text{倍})$$

分流器 R_s を接続したとき電流計に流れる電流を I_a, 全電流を I とすると, 電流の分流の式より

$$I_a = I \frac{R_s}{R_s + r_a}$$

である. 上式より, I と I_a の比, すなわち倍率 m を求めると

$$m = \frac{I}{I_a} = \frac{R_s + r_a}{R_s} = 1 + \frac{r_a}{R_s}$$

ゆえに, 分流器の抵抗 R_s は

$$R_s = \frac{r_a}{m - 1}$$

として求まるので，これに題意の数値を代入すると

$$R_s = \frac{4.5}{10 - 1} = \frac{4.5}{9} = 0.5 \,(\Omega)$$

となる．したがって電流計に分流器 R_s（$= 0.5\,(\Omega)$）を並列に接続し，その電流計の目盛りを m 倍（$m = 10\,(倍)$）してメータの指針を読むか，あるいはあらかじめ m 倍した目盛りを電流計に目盛っておけば，目的の電流を測定することができる．

（6）　直並列接続回路

抵抗の直並列接続というのは，図2・24のように，抵抗の直列接続と並列接続を組み合わせた回路をいう．

（a）直並列接続回路の合成抵抗

直並列接続の合成抵抗は，直列接続の部分，または並列接続の部分の合成抵抗の計算を何回か行い，回路を簡単にすることによって求めることができる．図2・24の回路の場合（b），（c）の順に計算すればよい．

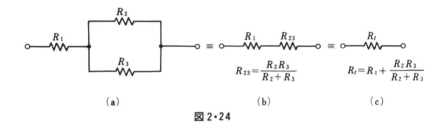

図2・24

例題 2・10　図2・25の回路の合成抵抗を求めよ．

解説　（a）まず，$2\,(\Omega)$ と $3\,(\Omega)$ の並列合成抵抗 R を求めると

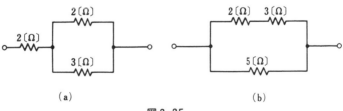

図2・25

$$R = \frac{2 \times 3}{2 + 3} = \frac{6}{5} = 1.2 \,〔\Omega〕$$

したがって，回路の合成抵抗 R_t は

$$R_t = 2 + 1.2 = 3.2 〔\Omega〕$$

（b）2〔Ω〕と 3〔Ω〕の直列接続の合成抵抗 R を求めると

$$R = 2 + 3 = 5 〔\Omega〕$$

したがって，回路の合成抵抗 R_t は

$$R_t = \frac{5 \times 5}{5 + 5} = 2.5 〔\Omega〕 \quad \left(\text{または，} R_t = \frac{R}{n} \text{を用い} \quad R_t = \frac{5}{2} = 2.5 〔\Omega〕 \right)$$

（b）直並列回路の計算例

直並列回路の各部の電圧，電流を求める方法について考えてみよう．

図 2・26 の回路において，I，I_1，I_2，V_1，V_2 を求めてみる．

合成抵抗 R_t は

$$R_t = 4 + \frac{10 \times 15}{10 + 15} = 4 + 6$$
$$= 10 〔\Omega〕$$

全電流 I は

$$I = \frac{V}{R_t} = \frac{100}{10} = 10 〔A〕$$

I_1，I_2 は，電流の分流の式を用いて

$$I_1 = 10 \, \frac{15}{10 + 15} = 6 〔A〕$$

$$I_2 = 10 \, \frac{10}{10 + 15} = 4 〔A〕$$

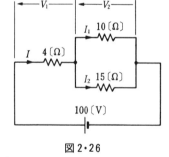

図 2・26

V_1，V_2 は

$$V_1 = 4 \times 10 = 40 〔V〕$$
$$V_2 = I_1 \times 10 = 6 \times 10 = 60 〔V〕$$
$$= I_2 \times 15 = 4 \times 15 = 60 〔V〕$$

となる．

この場合，I_1，I_2 を求めてから，V_1，V_2 を求めたが，さきに V_1，V_2 を求めて I_1，I_2 を求める手順でもよい．

全電流 I は 10〔A〕であるから，V_1 は

$$V_1 = I \times 4$$
$$= 10 \times 4 = 40〔V〕$$

つぎに，10〔Ω〕と 15〔Ω〕の合成抵抗 R は

$$R = \frac{10 \times 15}{10 + 15} = 6〔Ω〕$$

であるから，V_2 は

$$V_2 = I \times R$$
$$= 10 \times 6 = 60〔V〕$$

となる．したがって，I_1, I_2 は

$$I_1 = \frac{60}{10} = 6〔A〕$$

$$I_2 = \frac{60}{15} = 4〔A〕$$

このように求めてもよい．

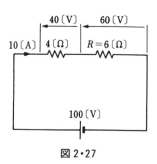

図 2・27

2章　演習問題

1 10〔Ω〕の抵抗に 100〔V〕の電圧をかけると，いくらの電流が流れるか（図2・28）．

2 100〔V〕の電源に抵抗を接続したとき 100〔mA〕の電流が流れた．この抵抗は何〔Ω〕か（図2・29）．

3 1〔kΩ〕の抵抗に 100〔mA〕の電流を流すために必要な電圧はいくらか（図2・30）．

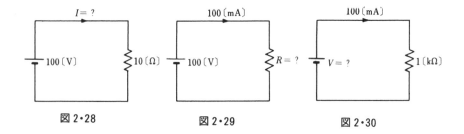

図 2・28　　　　　　図 2・29　　　　　　図 2・30

4 図 2·31 の回路の合成抵抗を求めよ.

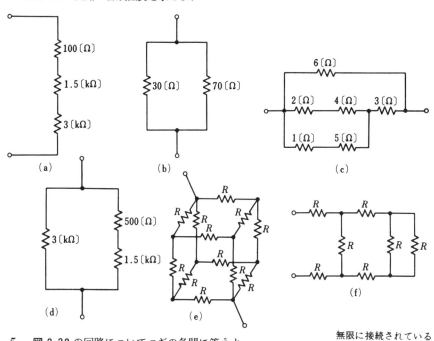

(a)　　　(b)　　　(c)

(d)　　　(e)　　　(f)

5 図 2·32 の回路についてつぎの各問に答えよ.

　(1) 20 〔Ω〕の抵抗の両端電圧はいくらか.

　(2) 30 〔Ω〕の抵抗の電圧降下を求めよ.

　(3) a 点を基準にしたとき, b 点の電位を求めよ.

6 図 2·33 の回路の電流 I, および電圧 V_2 を求めよ.

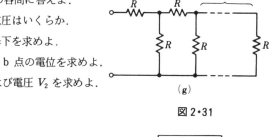

図 2·31

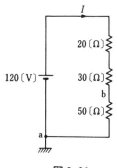

図 2·32

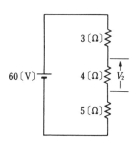

図 2·33

7 図 2・34 の回路の各抵抗に流れる電流を求めよ.

8 図 2・35 の回路の R_1 および I_3 を求めよ.

9 内部抵抗 1 000 〔Ω〕, 最大目盛 10〔V〕の電圧計で 100〔V〕まで測定できるようにしたい. 倍率器の値を何〔Ω〕にしたらよいか.

10 内部抵抗 0.49〔Ω〕, 5〔mA〕の電流計を 250〔mA〕まで測定できる電流計にするには, 分流器の値を何〔Ω〕にしたらよいか.

11 図 2・36 の回路において, 電流計 A に並列に, $R_s = 0.05$〔Ω〕の分流器を接続したとき, 指示値が 10〔A〕であった. 電流計 A の内部抵抗 r_a の値は何〔Ω〕か

12 図 2・37 に示す回路において, $V = 20$〔V〕の電圧を加えたとき, $I = 5$〔A〕の電流が流れ, かつ R_1 および R_2 に流れる電流を 1 : 2 の比になるようにしたい. R_1 および R_2 の抵抗値を求めよ.

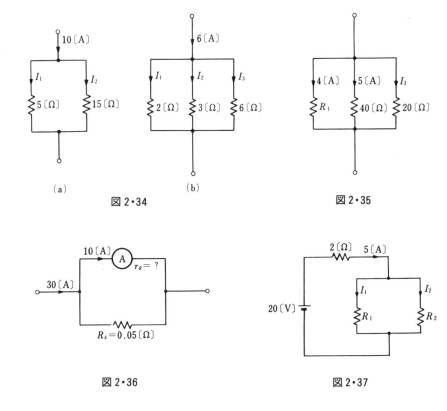

(a)　　　　　(b)

図 2・34　　　　　図 2・35

図 2・36　　　　　図 2・37

3 章　直流の電力と電力量

3.1 電　　力

（1）　電力の定義

電気回路に電圧を加え電流を流すと，電気エネルギーが熱エネルギーや機械エネルギー，光エネルギーなどに変換され，いろいろな仕事をする．このとき，電気が単位時間に行う仕事の量を**電力**，または**仕事率**といい，記号は P を用いて表わし，実用単位として**ワット**〔W〕，物理単位として仕事率〔J/s〕を用いる．

非常に大きな電力には

　　1 キロワット…… 1〔kW〕＝ 1000〔W〕

　　1 メガワット…… 1〔MW〕＝ 10^6〔W〕

などを用い，小さな電力には

　　1 ミリワット…… 1〔mW〕＝ 10^{-3}〔W〕

　　1 マイクロワット…… 1〔μW〕＝ 10^{-6}〔W〕

などを用いる．

（2）　電力の計算

電力 P は回路に加えた電圧を V，流れる電流を I とすれば

$$P = VI \; \text{〔W〕} \tag{3・1}$$

で求められる．

式（3・1）について考えてみると，電圧 V および電流 I の物理単位はそれぞれ

　　　　V ……〔J/C〕

　　　　I ……〔C/s〕

であったから，その積は

$$V\text{〔J/C〕} \times I\text{〔C/s〕} \rightarrow VI\text{〔J/s〕}$$

となり，単位時間当りの仕事，すなわち仕事率であることがわかる．したがって，電力（仕事率）P は，式（3・1）のように，V と I の積で求められることがわか

る.

電力は, 式 (3・1) で求められるが, これをオームの法則により変形すれば

$$P = VI \tag{3・2}$$

$$= I^2R \qquad (\because V = IR) \tag{3・3}$$

$$= \frac{V^2}{R} \qquad \left(\because I = \frac{V}{R}\right) \tag{3・4}$$

と表わすこともできる.

このように, 電力は, 電圧, 電流, 抵抗のうち2つわかれば計算することができる.

例題3・1 ある負荷に100〔V〕の電圧を加えたら1〔A〕の電流が流れた. この負荷の消費電力は何Wか.

解説 $P = VI$

$\quad = 100 \times 1 = 100$ 〔W〕

【参考】 負荷の抵抗値 R を求めると

$\quad P = I^2R$ より $R = \dfrac{P}{I^2}$

$\quad \therefore R = \dfrac{P}{I^2} = \dfrac{100}{1^2} = 100$ 〔Ω〕

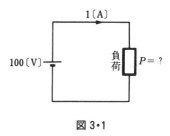

図 3・1

となる. ($P = \dfrac{V^2}{R}$ より $R = \dfrac{V^2}{P}$ で求めてもよい.)

例題3・2 100〔Ω〕の抵抗に2〔A〕の電流が流れているとき, この抵抗に消費される電力を計算せよ.

解説 $P = I^2R$

$\quad = 2^2 \times 100$

$\quad = 400$ 〔W〕

【参考】 加えた電圧 V を求めると

$\quad P = VI$ より $V = \dfrac{P}{I}$

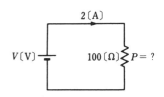

図 3・2

$$\therefore \ V = \frac{P}{I} = \frac{400}{2} = 200 \ (V)$$

となる．（ $P = \dfrac{V^2}{R}$ より $V = \sqrt{PR}$ で求めてもよい．）

例題 3・3　10〔Ω〕の抵抗をもつ電熱器に 100〔V〕 の電圧を加えたとき，電熱器で消費される電力を計算せよ．

解説　　$P = \dfrac{V^2}{R} = \dfrac{100^2}{10} = 1\,000 \ (W)$

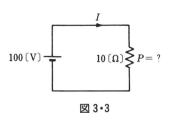

図 3・3

【参考】　回路に流れる電流 I を求めると

$$P = VI \quad より \quad I = \frac{P}{V}$$

$$\therefore \ I = \frac{P}{V} = \frac{1000}{100} = 10 \ (A)$$

となる．（ $P = I^2 R$ より $I = \sqrt{\dfrac{P}{R}}$ で求めてもよい．）

（3）負荷に消費される電力の最大値

図 3・4 に示すように，起電力 V，内部抵抗 R_s の電源に負荷 R_L を接続した場合，負荷 R_L に供給（消費）される電力が最大となる条件を求めてみる．

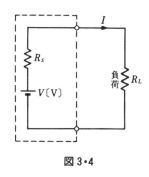

図 3・4

回路に流れる電流 I は

$$I = \frac{V}{R_s + R_L}$$

であるから負荷 R_L で消費される電力 P_L は

$$P_L = I^2 R_L = \frac{V^2}{(R_s + R_L)^2} R_L \qquad (3\cdot5)$$

となる．式（3・5）で，R_L を変数（R_s は電源の内部抵抗であるから定数と考える）とすれば，P_L の最大条件は，式（3・5）を R_L で微分して

式（3・5）の微分値 $\dfrac{dP_L}{dR_L} = 0$

とおき，極大値を求めればよい．式（3・5）を

$$P_L = \cfrac{V^2}{\cfrac{R_s^2}{R_L} + 2R_s + R_L}\qquad(3\cdot6)$$

と変形し，分母を y とおき R_L で微分する．

$$\frac{dy}{dR_L} = -\frac{R_s^2}{R_L^2} + 1 = 0\qquad\therefore R_s = R_L$$

極値の判定をすると

$$\frac{d^2y}{dR_L^2} = \frac{R_s^2}{R_L^3} > 0$$

であるから極小値である．ゆえに

$$R_s = R_L$$

の条件が y の極小値を与える条件である．したがって，式（3・6）の分母が極小値になるのであるから，P_L は極大（最大）となる．すなわち

$$R_s = R_L\qquad(3\cdot7)$$

が P_L の最大条件となる．

式（3・7）を式（3・5）に代入すれば

$$P_{L\mathrm{max}} = \frac{V^2}{(R_s + R_s)^2}\,R_s$$

$$= \frac{V^2}{4R_s}\qquad(3\cdot8)$$

となり $P_{L\mathrm{max}}$ が求まる．

式（3・5）で $R_L/R_s = R$ とおき，つぎのように変形する．

$$\frac{P_L}{P_{L\mathrm{max}}} = \frac{4R}{(1+R)^2}$$

この式の $R = R_L/R_s$ * を横軸に，P_L

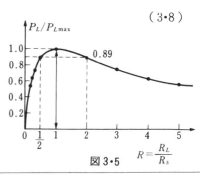

図3・5

---

*　$R = \dfrac{R_L}{R_s}$ を R_s で正規化したという．縦軸も $P_L/P_{L\,\mathrm{max}}$ で目盛ってあり，$P_{L\,\mathrm{max}}$ で正規化してある．

を縦軸にとってグラフにすると，**図3・5**のようになる．

　このように $R_s = R_L$ とし，P_L を最大にすることを**整合する**という．図3・5からわかるように，$R = 2$ または $R = 1/2$，すなわち R_L が R_s の2倍または半分になっても，負荷 R_L には整合状態の約90％が供給される．

　通信工学の分野では，不整合によって生ずる伝送電力の低下が問題ではなく，波の反射による波形ひずみが重要な問題である．

　図 3・4 で $R_s = R_L$ とすれば

$$P_{L\max} = \frac{V^2}{4R_s} \qquad (3\cdot9)$$

であるが，この式の値は負荷 R_L の値によって決まるのではなく，電源の起電力 V，および内部抵抗 R_s によって決まってしまう．V および R_s は電源について固有な値であるので，最大電力 $P_{L\max}$ のことを**固有電力**という．したがって，いくら負荷 R_L を変化しても無限に大きな電力を電源から取り出すことはできない．電源には，起電力 V および内部抵抗 R_s で定まる固有電力があるので，これ以上の電力は取り出すことはできない．

例題3・4　図3・6に示す回路の最大電力（固有電力）を求めよ．ただし，V = 100〔V〕，内部抵抗　$R_s = 100$〔Ω〕とする．

解説　$P_{L\max} = \dfrac{V^2}{4R_s} = \dfrac{100^2}{4 \times 100} = 25$〔W〕

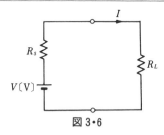

図 3・6

3.2　電 力 量

　電気がある時間内に行った仕事の総量をその時間内における**電力量**という．すなわち

$$電力量＝電力×時間 \qquad (3\cdot10)$$

であり，電力量の記号に W を用いれば

$$W = P〔W〕× t〔s〕　〔Ws〕 \qquad (3\cdot11)$$

となる．電力量 W の単位は**ワット秒**（単位記号〔Ws〕）である．ワット秒は実

用上単位が小さいので, **ワット時** 〔Wh〕が用いられる. さらに大きな電力量には
キロワット時 〔kWh〕を用いる. 1〔kWh〕は1〔kW〕の電力を1時間使った
ときの電力量を表わしている.

$$1 〔kWh〕 = 1\,000 〔Wh〕$$
$$= 1\,000 × 3\,600 = 3.6 × 10^6 〔Ws〕$$

式 (3・11) において

$$電力 \; P = VI = I^2R = \frac{V^2}{R} \; 〔W〕$$

であるから

$$W = Pt = VIt = I^2Rt = \frac{V^2}{R}t \; 〔Ws〕$$

と表わすことができる.

例題 3・5 100〔W〕の電球2個を10時間使ったときの電力量はいくらか.

解説 $W = Pt$

$$= 2 × 100 × 10 = 2\,000 〔Wh〕 = 2〔kWh〕$$

となる.

例題 3・6 図3・7に示すように, 100〔Ω〕の抵抗に100〔V〕の電圧を3時
間加えたとき, 抵抗で消費される電力量はいくらか.

解説 回路に流れる電流はオームの法則より

$$I = \frac{V}{R}$$
$$= \frac{100}{100} = 1〔A〕$$

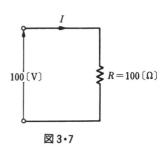

図3・7

抵抗 R の消費電力 P は

$$P = VI \quad \left(= I^2R = \frac{V^2}{R}\right)$$
$$= 100 × 1 = 100〔W〕$$

したがって, 電力量 W は

$$W = Pt$$
$$= 100 × 3 = 300〔Wh〕$$

　私たちの家庭では，毎月電力会社に電気料金を支払っている．各家庭にあるメータ（積算電力計）で，電気が1カ月に行った仕事の量，すなわち電力量が測定され，それによって電気料金が算出されるわけである．

例題 3·7　　1〔kW〕の電気ストーブを毎日3時間ずつ，30日間使用したときの電気料金はいくらか．ただし，1〔kWh〕あたりの電気料金を15円とする．

解説　1カ月間の電力量 W は

$$W = Pt$$
$$= 1\,000 \times 3 \times 30 = 90 \,〔kWh〕$$

したがって，電気料金は

$$電気料金 = 90 \times 15 = 1\,350 \text{ 円}$$

である．

3.3　ジュールの法則*

　R〔Ω〕の抵抗に I〔A〕の電流が t〔s〕間流れると，I^2Rt〔Ws〕の電気エネルギーが消費され熱を発生する．この作用を**電流の発熱作用**という．発熱作用は，抵抗中で電気エネルギーが熱エネルギーに変換されているのである．発生する熱を**ジュール熱**という．

　一般にエネルギーの量を表わす単位として，**ジュール**（記号〔J〕）を用いる．

　ところで，電気エネルギー（電力量）の単位はワット秒であった．ワット〔W〕の物理単位は〔J/s〕であるから，ワット〔J/s〕に秒〔s〕をかければ〔J〕ということになる．

$$\therefore \quad 1 ジュール〔J〕 = 1 ワット秒〔Ws〕 \tag{3·12}$$

1〔J〕は物体を1ニュートン〔N〕の力で1〔m〕移動したときの仕事量をいうが，式（3·12）より，1〔J〕とは1〔A〕の電流が1〔Ω〕の抵抗中を1秒間流れたときの電気エネルギー（仕事量）と定めることができる．

　また，熱エネルギーは，一般に**熱量**と呼ばれ，量記号には H を用い，単位はカ

---

*　James Prescott Joule（1818～1889）．イギリスの物理学者．エネルギーおよび仕事の単位であるジュールは，Joule の業績にちなんで名づけられた．

ロリー（記号〔cal〕）を用いる．1〔cal〕というのは，1〔g〕の水の温度を1〔℃〕上げるのに必要な熱量をいう．

　ジュールは，電気エネルギー W〔J〕と熱量 H〔cal〕との間には，綿密な実験の結果つぎの関係があることを発見した．

$$1\,\mathrm{cal} \fallingdotseq 4.186\,〔\mathrm{J}〕 \fallingdotseq 4.2\,〔\mathrm{J}〕$$

$$1\,〔\mathrm{J}〕 \fallingdotseq 0.24\,〔\mathrm{cal}〕$$

したがって，R〔Ω〕の抵抗に1〔A〕の電流を t 秒間流したとき発生する熱量 H〔cal〕は

$$H = 0.24\,W = 0.24\,Pt = 0.24\,I^2Rt\ 〔\mathrm{cal}〕 \tag{3・13}$$

となる．これをジュールの法則という．そして，抵抗に電流が流れることによって発生する熱をジュール熱といい，式（3・13）で求められる．

例題 3・8　10〔Ω〕の抵抗に100〔V〕の電圧を加えたとき，1分間に発生する熱量を求めよ．

解説　回路に流れる電流 I は

$$I = \frac{V}{R} = \frac{100}{10} = 10\ 〔\mathrm{A}〕$$

発生する熱量 H は，ジュールの法則より

$$\begin{aligned}H &= 0.24I^2Rt \\ &= 0.24 \times 10^2 \times 10 \times 60 \\ &= 14\,400\ 〔\mathrm{cal}〕 = 14.4\ 〔\mathrm{kcal}〕\end{aligned}$$

となる．

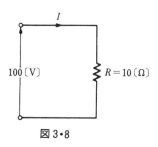

図 3・8

例題 3・9　水温20〔℃〕の水が2〔kg〕ある．この水の温度を250〔W〕の電熱器を使って50〔℃〕にするのに必要な時間はいくらか．

解説　20〔℃〕から50〔℃〕まで温度を高めるに必要な熱量 H は

$$H = 2\,000 \times 30 = 60\,000\ 〔\mathrm{cal}〕 = 60\ 〔\mathrm{kcal}〕$$

この60〔kcal〕の熱量を250〔W〕の電熱器で発生させるわけだから，ジュールの法則の式を時間 t について解くと

$$t = \frac{H}{0.24\,P}$$

$$= \frac{60 \times 10^3}{0.24 \times 250} = 1\,000\,(s\,) = 16\,(分)\,40\,(s\,)$$

3.4 絶縁電線の許容電流

　銅線に電流を流すと，銅線の中にもごくわずかの抵抗が存在するので当然ジュール熱が発生する．熱が発生すると銅線の温度が上昇する．銅線を流れる電流が小さい場合には問題にならないが，電流が大きくなると銅線の温度上昇が大きくなり，電線やコードの被覆を焼いてしまい，火災の原因になりかねない．

　このような危険を防ぐため，電線やコードには許容電流が定められており，この範囲内で使用するよう決められている（**表3・1, 3・2**参照）．

表 3・1　絶縁電線の許容電流

より	線	単	線
公称断面積〔mm²〕	許容電流〔A〕	直径〔mm〕	許容電流〔A〕
0.9	17	1.0	16
1.25	19	1.2	19
2.0	27	1.6	27
3.5	37	2.0	35
5.5	49	2.6	48

（「電気設備技術基準」による）

表 3・2　コードの許容電流

導	体	許容電流〔A〕
公称断面積〔mm²〕	素線数／素線の直径〔本/mm〕	
0.75	30／0.18	7
1.25	50／0.18	12
2.0	37／0.26	17
3.5	45／0.32	23
5.5	70／0.32	35

（「電気設備技術基準」による）

3章 演 習 問 題

1 500〔W〕の電熱器を毎日2時間ずつ,30日間使用した
ときの電力量はいくらか.

2 図3・9に示すように,ある抵抗 R に100〔V〕の電圧
を加え,2〔A〕の電流を3時間流したときの電力量を
求めよ.

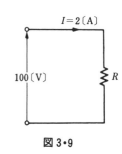

図3・9

3 ある家庭の5時間の電力量が3〔kWh〕であった.こ
の家庭の電圧は100〔V〕で使っているとすれば

　(1) この家庭の電気器具の電力はいくらか.

　(2) 電気器具に流れている電流はいくらか.

4 図3・10のように, 20〔Ω〕の抵抗に100〔V〕
の電圧を加えたとき, 1分間に発生する熱量
を求めよ.

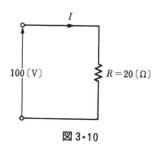

図3・10

5 水温20〔°C〕の水が1.2〔kg〕ある.この水
の温度を500〔W〕の電熱器を使って60〔°C〕
にするのに要する時間を求めよ.

6 100〔V〕, 500〔W〕の電熱器の端子電圧が10〔%〕上昇した場合と, 降下した場
合の,それぞれの消費電力を求めよ.

4章 抵抗の変化

4.1 抵抗の材質・形状による変化

導体の抵抗は，導体の種類（材質），形状，温度により変化する．ある物質でできた導体の断面積 A を一定にしたとき，長さ l を長くすると，抵抗が大きくなる．すなわち，抵抗 R は長さ l に比例する．

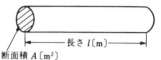

図 4・1

つぎに，長さ l を一定にし，断面積 A を大きくすると，抵抗が小さくなり，抵抗 R は断面積 A に反比例することを示している．

このように，同じ物質でできた導体の抵抗 R は

① 導体の長さ l 〔m〕に比例する

② 導体の断面積 A 〔m²〕に反比例する

ことがわかる．

表 4・1　おもな物質の抵抗率

物　質	抵抗率 ρ（$\times 10^{-8}$）〔Ωm〕
銀	1.62
銅（軟）	1.72
金	2.4
アルミニウム	2.75
タングステン	5.5
ニッケル	7.24
鉄	9.8
白　金	10.6
ヒ　素	35
ニクロム	109

（1984 年版　理科年表より抜粋）

これらの関係は次式で示される．

$$R \propto \frac{l}{A}$$

ここで，比例定数を ρ とすればつぎのように表わすことができる．

$$R = \rho \frac{l}{A} \ 〔\Omega〕 \tag{4・1}$$

比例定数 ρ はギリシャ文字でローと読み，**抵抗率**といい，単位はオームメートル〔Ωm〕である．

この抵抗率は物質の種類によって異なる。**表4・1**にお
もな物質の抵抗率を示す。抵抗率 ρ は，その抵抗体の物
質の断面積 A と，長さ l をそれぞれ，1 $[m^2]$，1 $[m]$ と
したときの抵抗値である。すなわち，各辺1 $[m]$ の立方
体の抵抗値である。

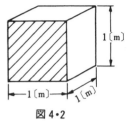

図4・2

> **例題4・1** 100 $[V]$ 用 500 $[W]$ の電熱器のニクロム線の長さを求めよ。た
> だし，ニクロム線の断面積 A を 0.2×10^{-6} $[m^2]$ とする。

解説 ニクロム線の抵抗値は $P = \dfrac{V^2}{R}$ より

$$R = \frac{V^2}{P} = \frac{100^2}{500} = 20 \ [\Omega]$$

つぎに，$R = \rho l / A$ より

$$l = \frac{1}{\rho} RA$$

ここで ρ は，表4・1より 109×10^{-8} $[\Omega m]$ であるから

$$l = \frac{20 \times 0.2 \times 10^{-6}}{109 \times 10^{-8}} = 3.7 \ [m]$$

をうる。

この抵抗率 ρ は，その物質の形状が同じであれば抵抗率が大きいほど抵抗値は
大きく，小さいほど抵抗値は小さいということを意味している。抵抗率 ρ に対し
て，ρ の逆数をとったものを**導電率**といい，σ（ギリシャ文字でシグマと読む）
で表わす。したがって

$$\sigma = \frac{1}{\rho} = \frac{1}{RA/l} = \frac{l}{RA} \ [1/\Omega m] \tag{4・2}$$

となる。単位は

$[1/\Omega m]$ または $[S/m]$ （Sはジーメンスと読む）

である。

したがって，導体の抵抗 R は σ を用いて

$$R = \rho \frac{l}{A} = \frac{1}{\sigma} \frac{l}{A} \ [\Omega]$$

と表わすことができる.

　この導電率 σ は,抵抗率 ρ とは逆に,σ の値が大きいほど抵抗値が低く,電流が流れやすいことを意味している.

4.2 抵抗の温度による変化

　同じ物質で同一形状の導体であっても,導体の温度が変化すれば抵抗値が変化する.これは,物質を構成する原子や分子の活動の度合いが温度によって大きく影響を受けるからである.

　一般の金属では抵抗と温度の関係は,**図 4・3** のようにほぼ直線的に増加するが,ある種の金属では,温度の上昇とともに抵抗値が減少する負の勾配をもっているものもある.

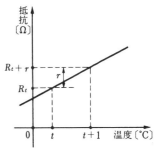

図 4・3

　温度 1〔℃〕の変化に対する抵抗増加の割合を抵抗の温度係数といい,α_t で表わす.図 4・3 より

$$t〔℃〕における抵抗の温度係数　\alpha_t = \frac{1〔℃〕の温度変化に対する抵抗の増加分}{t〔℃〕の抵抗値}$$

$$= \frac{r}{R_t} \qquad\qquad (4\cdot3)$$

と表わすことができる.

　抵抗の温度係数 α_t がわかれば,$t〔℃〕$ より $T〔℃〕$ に温度が上昇したときの抵抗値 R_T は次のようにして求められる.($T-t$)〔℃〕の温度上昇に対する抵抗の増加分 r は,式(4・3)より

$$\alpha_t = \frac{r}{R_t} \qquad \therefore \quad r = \alpha_t R_t$$

したがって,R_T は

$$R_T = R_t + r(T-t) = R_t + \alpha_t R_t(T-t)$$

$$= R_t\{1 + \alpha_t(T-t)\} \qquad 〔\Omega〕 \qquad (4\cdot4)$$

となる.

　一般に,温度係数 α_t は,20〔℃〕のときの値が示されている.**表 4・2** にその

例を示す.

例題 4·2　20〔℃〕のとき，0.25〔Ω〕の銅線がある．50〔℃〕のときの銅線の抵抗を求めよ．

表 4·2　抵抗の温度係数

材　　料	抵抗の温度係数（20〔℃〕）
銀	0.0038
銅	0.00393
アルミニウム	0.0039
タングステン	0.0045
ニッケル	0.006
鉄	0.0050
白　　金	0.003

解説　表4·2 より銅の温度係数 α_{20} は 0.00393 であるから

$$R_{50} = R_{20}\{1 + \alpha_{20}(T - t)\}$$
$$= 0.25\{1 + 0.00393(50 - 20)\} \fallingdotseq 0.28 〔Ω〕$$

となる.

$$R_{50} - R_{20} = 0.28 - 0.25 = 0.03 〔Ω〕$$

したがって，30〔℃〕の温度上昇によって，0.03〔Ω〕抵抗値が増加したことになる.

4章　演習問題

1　断面積が 5〔mm²〕で，長さが 100〔m〕の銅線の抵抗は何Ωか．ただし，$\rho = 1.72 \times 10^{-8}$〔Ωm〕とする.

2　直径が 3.5〔mm〕の銅線 1〔km〕の抵抗は何Ωか．ただし，$\rho = 1.72 \times 10^{-8}$〔Ωm〕とする.

3　100〔V〕の電源から負荷までの距離 50〔m〕を，直径 1〔mm〕，抵抗率 $\rho = 1.72 \times 10^{-8}$〔Ωm〕の銅線を用いて配線し，10〔A〕の電流が流れている．つぎの問に答えよ.

①　負荷の両端の電圧 V_2 を求めよ.

②　直径が 2 倍の銅線を用いて配線すると V_2 はいくらになるか.

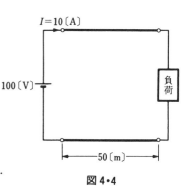

図 4·4

5 章　直流回路の解き方

5.1　キルヒホッフの法則[*]

　いままで取り扱ってきた回路は，直列回路または並列回路あるいはその組合せの回路であった．オームの法則は直並列回路の場合には有効であるが，複雑な回路の場合にはどうにもならない．このような複雑な回路の解析にはキルヒホッフの法則が必要になってくる．

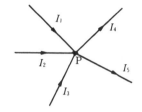

図 5・1　キルヒホッフ の第 1 法則

（1）　キルヒホッフの第 1 法則（キルヒホッフの電流の法則）

　「線形な回路網中の任意の一点に流入する電流の総和は，流出する電流の総和に等しい」

　図 5・1 にこの法則を適用すると

$$I_1 + I_2 + I_3 = I_4 + I_5 \qquad (5\cdot1)$$

となる．

　この法則は，またつぎのようにも表わすことができる．式（5・1）の右辺の項を左辺に移項して

$$I_1 + I_2 + I_3 + (-I_4) + (-I_5) = 0 \qquad (5\cdot2)$$

となる．すなわち，

　「線形な回路網中の任意の 1 点に流入する電流の代数和は零である」

と表わすことができる．この場合，電流の符号は，流入する電流を正（＋），流出する電流を負（−）とする．流入する電流に負符号をつけ，流出する電流に正符号をつけると

　＊　Gustav Robert Kirchhoff(1824 ～ 1887)．ドイツの物理学者．1849 年にキルヒホッフの法則を発表．

$$(-I_1) + (-I_2) + (-I_3) + I_4 + I_5 = 0$$

上式の左辺の項をすべて右辺に移項すれば

$$0 = I_1 + I_2 + I_3 + (-I_4) + (-I_5)$$

書き直せば

$$I_1 + I_2 + I_3 + (-I_4) + (-I_5) = 0$$

となり，式（5・2）と同じになることがわかる．

　電流は電荷の移動によるものであることは第1章で述べたが，電荷が途中で急に根拠もなく発生したり，消滅することはない．すなわち，このキルヒホッフの法則は単に**電荷の保存則**のひとつの言い表わし方にすぎない．

（2）　キルヒホッフの第2法則（キルヒホッフの電圧の法則）

　「線形な回路網中の任意の閉回路において，一定の方向にたどった起電力の総和は，電圧降下の総和に等しい」．

　図5・2のa, b, c, dのような点を接続点といい，a-b間，b-c間，c-d間，d-a間を**枝路（branch）**または**分路**という．また，a点から出発して，a-b-c-dと電気回路をたどり，もとの点に戻る回路を**閉路（loop）**または**閉回路**という．

　図5・3に示す回路の場合には，Ⅰ，Ⅱ，Ⅲの閉路が考えられる．この閉路のとり方については後ほど詳しく述べる．

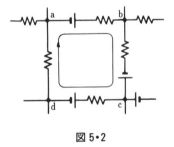

図5・2

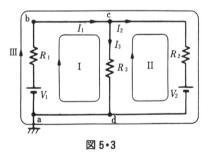

図5・3

　図5・3のⅠのループにキルヒホッフの電圧の法則を適用すると

$$V_1 = R_1 I_1 + R_3 I_3 \tag{5・3}$$

となる．この法則は，またつぎのようにも表わすことができる．式（5・3）の右辺を左辺に移項して

$$V_1 - R_1 I_1 - R_3 I_3 = 0$$

となる．すなわち

「電気回路網中の任意の閉回路の電圧の代数和は零である」
と表わすことができる.

　このキルヒホッフの電圧の法則
はエネルギーの保存則を表わして
いる.図5・3のⅠのループで考え
てみる.a 点を基準点とし,a か
ら出発して時計まわりの電位の変
化を考える.a 点の電位は 0〔V〕
であるが,起電力のところで電位
が V_1〔V〕だけ上がり,そのま
ま一定で R_1 の抵抗まで達する.

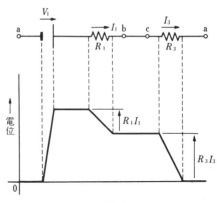

図 5・4

R_1 の抵抗で $R_1 I_1$ の電圧降下を生じ,ついで,R_3 の抵抗で $R_3 I_3$ の電圧降下
を生じてもとの a 点にもどる.a 点から出発して時計まわりにまわり,もとの a
点にもどったのであるから仕事をしたことにはならず,閉回路の電圧の代数和は
零であることがわかる.

　このように,キルヒホッフの電圧の法則はエネルギーの保存則を表わしている
のである.

（3）　キルヒホッフの電圧の法則の適用における電圧の＋,－

　キルヒホッフの電圧の法則を使う場合,閉回路の向きによって,起電力および
電圧降下が,正（＋）または 負（－）になるので注意が必要である.　電圧の正（＋）
・負（－）の決め方はつぎのように約束する.

（a）　起電力　起
電力の（－）側から（＋）
側にたどったとき,そ
の起電力の符号を（＋）
とする.つまり回路を
たどる方向に電圧が上

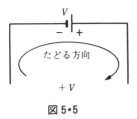

図 5・5

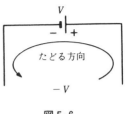

図 5・6

がっている場合,その起電力を（＋）とする.起電力の（＋）側から（－）側,　つま
り回路をたどる向きに電圧が下がっている場合,その起電力の符号を（－）とする.

（b）　電圧降下　抵抗を流れる電流の方向と,回路をたどる方向が同じとき,

その電圧降下の符号を(+)とし，逆方向の場合は(−)とする（図5・7参照）．

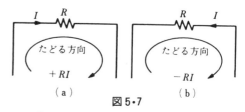

図5・7

5.2 キルヒホッフの法則による回路の解き方

（1）　枝路電流法

枝路電流法による計算の手順を以下に述べる．

（a）　各枝路に流れる電流の大きさとその方向を仮定し，キルヒホッフの電流の法則によって式をつくる．このように各枝路の電流を定めて計算するので**枝路電流法**という．

この場合，電流の方向は任意にとってよい．実際に計算してみないとその方向はわからないわけであるから，どちらかに仮定して式をつくる．そして，計算の結果，もし電流の値が負（−）なら，最初に仮定した電流の方向が，実際に流れている方向と逆であることを意味している．

（b）　閉回路を定め，その方向を仮定し，その閉回路にキルヒホッフの電圧の法則を適用して式をつくる．

この場合にも，閉回路の方向は任意にとってよい．

（c）　未知数だけ独立な方程式をつくり，その連立方程式を解く．

この「独立」な方程式の数については後ほど詳しく述べる．

例題 5・1　図5・8に示す回路の各枝路に流れる電流を枝路電流法により求めよ．

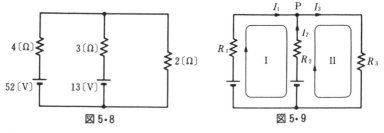

図5・8　　　　　　　図5・9

解説　計算の手順に従い図5・9に示すように，各枝路の電流の大きさと方向，および閉回

路とその方向を定める.

接続点 P にキルヒホッフの第 1 法則を適用して

$$I_1 + I_2 = I_3 \qquad ①$$

ループ I にキルヒホッフの第 2 法則を適用して

$$4\,I_1 - 3\,I_2 = 52 - 13 \qquad ②$$

ループ II にキルヒホッフの第 2 法則を適用して

$$3\,I_2 + 2\,I_3 = 13 \qquad ③$$

となる. 未知数が I_1, I_2, I_3 の 3 個で, 方程式は上の 3 つの式からなる連立方程式であるから, 解を求めることができる.

$$\begin{cases} I_1 + I_2 = I_3 & ④ \\ 4\,I_1 - 3\,I_2 = 39 & ⑤ \\ 3\,I_2 + 2\,I_3 = 13 & ⑥ \end{cases}$$

式④を式⑥に代入して

$$2\,I_1 + 5\,I_2 = 13 \qquad ⑦$$

したがって, 式⑤と式⑦より

$$\begin{cases} 4\,I_1 - 3\,I_2 = 39 & ⑧ \\ 2\,I_1 + 5\,I_2 = 13 & ⑨ \end{cases}$$

となる. I_2 を消去するため

$$⑧ \times 5 + ⑨ \times 3$$

を求めると

$$20\,I_1 - 15\,I_2 = 195$$
$$+)\ \ 6\,I_1 + 15\,I_2 = \ \ 39$$
$$\overline{26\,I_1 \qquad = 234}$$

$$\therefore \quad I_1 = \frac{234}{26} = 9\,〔A〕 \qquad ⑩$$

式⑩を式⑨に代入して

$$2 \times 9 + 5\,I_2 = 13, \quad 5\,I_2 = -5$$

$$I_2 = -\frac{5}{5} = -1\,〔A〕 \qquad ⑪$$

式⑩と式⑪を式④に代入して

$$9 + (-1) = I_3, \quad I_3 = 8\,〔A〕$$

として I_1, I_2, I_3 を求めることができる.

　ところで，I_2 の値が負になっているが，
これは最初に仮定した I_2 の向きが逆であっ
たからである．I_1 と I_3 の値は正になって
いるので，これは最初に仮定した向きと，
実際に流れている電流の向きが同じである
ことを意味している．したがって，各枝路に
流れる電流は**図 5・10** に示すように流れる.

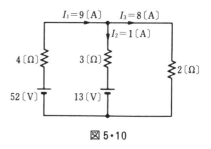

図 5・10

（2）　網目電流法

　この方法は，ループに沿って流れるループ電流（網目電流）を用いて解く方法
で，枝路電流法の場合よりも方程式の数が 1 個少ない利点があり，よく用いられ
る方法であるので十分理解してほしい.

　網目電流法による計算の手順を以下に述べる.

　（a）　閉回路を定め，その方向を仮に定める．この方向は任意に定めてよい.

　（b）　閉回路に沿って流れる電流，すなわちループ電流を考える.

　（c）　各閉回路にキルヒホッフの第 2 法則を適用する.

　（d）　未知数だけ独立な方程式をつくり，その連立方程式を解く.

例題 5・2　　枝路電流法で解いた例題 5・1 を網目電流法で解け.

解説　計算の手順に従い，**図 5・11** に示すように閉回路とその方向を定め，閉回路に沿っ
て流れるループ電流 I_1, I_2 を定める.

　ループ I にキルヒホッフの第 2 法則を適用して

$$4 I_1 + 3 I_1 - 3 I_2 = 52 - 13 \qquad\qquad ①$$

ここで注意するのは，3〔Ω〕の抵抗には I_1 と I_2 が流れているということであり，こ
の場合の電圧の正（＋）・負（−）の決め方は，いま I のループについて考えている場合，I
のループ電流の方向による電圧降下を正（＋），逆の場合を負（−）とする．または，3〔Ω〕
には，$(I_1 - I_2)$ なる電流が流れていると考えてもよく

$$4 I_1 + 3 (I_1 - I_2) = 52 - 13 \quad ∴ 4 I_1 + 3 I_1 - 3 I_2 = 52 - 13$$

となり，式①と同じになる.

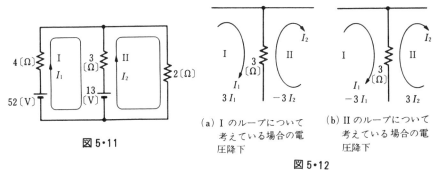

図 5・11

（a）Ⅰのループについて
考えている場合の電
圧降下

（b）Ⅱのループについて
考えている場合の電
圧降下

図 5・12

式①を整理して

$$7 I_1 - 3 I_2 = 39 \qquad\qquad ②$$

となる．ループⅡにキルヒホッフの電圧の法則を適用して

$$-3 I_1 + 3 I_2 + 2 I_2 = 13$$

整理して

$$-3 I_1 + 5 I_2 = 13 \qquad\qquad ③$$

となる．未知数が I_1 と I_2 の2個で，方程式は上の2つの式からなる連立方程式であるか
ら，解を求めることができる．

このように，網目電流法で解くと，枝路電流法で解く場合よりも方程式の数が1個少な
くてよいので，その分計算が簡単に行える．

$$\begin{cases} 7 I_1 - 3 I_2 = 39 & ④ \\ -3 I_1 + 5 I_2 = 13 & ⑤ \end{cases}$$

I_2 を消去するため④×5 +⑤×3を行う．

$$35 I_1 - 15 I_2 = 195$$
$$+)\ -\ 9 I_1 + 15 I_2 =\ \ 39$$
$$\overline{\ 26 I_1 \qquad\quad = 234\ }$$

$$\therefore\ I_1 = \frac{234}{26} = 9\,[\mathrm{A}] \qquad\qquad ⑥$$

式⑥を式④に代入して

$$7 \times 9 - 3 I_2 = 39\ ,\ -3 I_2 = 39 - 63$$

$$\therefore\ I_2 = \frac{-24}{-3} = 8\,[\mathrm{A}]$$

として I_1 と I_2 のループ電流は求めることができた．I_1 と I_2 はループ電流であって，各

枝路の電流ではない.

　4〔Ω〕の抵抗に流れる電流は，ループ電流 I_1 1個のみが流れているのであるから，I_1 の電流が4〔Ω〕の抵抗に流れていることになる．同様にして，2〔Ω〕の抵抗に流れる電流は，ループ電流 I_2 1個のみであるから，I_2 の電流が2〔Ω〕の抵抗に流れていることになる．

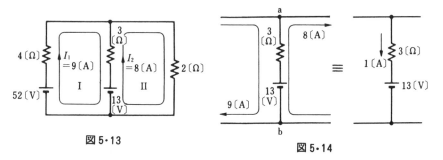

図 5·13　　　　　　　　　　　　　図 5·14

　つぎに，3〔Ω〕の抵抗には，I_1 と I_2 の2つのループ電流が **図5·14** に示すように流れているので

$$9 + (-8) = 1〔A〕$$

の電流が流れていることになる．実は，これは「**重ね合せの理**」を使っているのである．I_1 と I_2 の電流を重

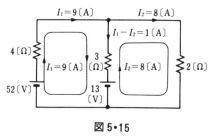

図 5·15

ね合せることによって3〔Ω〕に流れる電流を求めているのである．重ね合せの理については後述する．

　したがって，各枝路に流れる電流は **図5·15** に示すようになり，例題 5·1の結果と同じになる．

（3）　節 点 解 析

　枝路電流法や網目電流法は，電流を未知数として回路を解析する方法である．節点解析は，キルヒホッフの電流の法則を基礎とし，回路網の接続点（節点）の電圧を未知数として回路を解析する方法である．

　節点解析による計算の手順を以下に述べる．

　（a）　回路網中の1つの節点を基準点に選ぶ．この点を0で表わす．

　（b）　0点に対する他の $N-1$ 個の節点の電圧を未知数とする．

　（c）　各節点について，キルヒホッフの電流の法則を適用し，$N-1$ 個の独立

な節点電圧方程式をたてる.

（d） 電圧を未知数とした連立方程式を解く.

例題 5·3 図5·16に示す回路の各枝路に流れる電流を，節点解析により求めよ（例題 5·1 と同じ回路）.

解説 図5·16 に示すように，節点の 1 つを基準点に選び，残りの節点の電圧を未知数とする. この問題の場合，節点の数は 2 個であるので未知電圧は 1 個である.

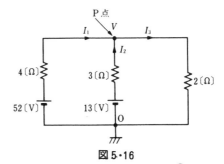

図 5·16

P 点にキルヒホッフの電流の法則を適用すると

$$I_1 + I_2 = I_3 \qquad ①$$

となる. ここで, I_1 は, P 点の電位が V〔V〕であるから

$$I_1 = \frac{52 - V}{4} \qquad ②$$

をうる.

同様にして I_2, I_3 は

$$I_2 = \frac{13 - V}{3} \qquad ③$$

$$I_3 = \frac{V}{2} \qquad ④$$

式②, ③, ④を式①へ代入して

$$\frac{52 - V}{4} + \frac{13 - V}{3} = \frac{V}{2} \qquad ⑤$$

となる. 式⑤を整理して

$$V\left\{ \frac{1}{2} + \frac{1}{3} + \frac{1}{4} \right\} = \frac{52}{4} + \frac{13}{3}$$

$$\therefore \ V = \frac{52/4 + 13/3}{1/2 + 1/3 + 1/4} = \frac{208}{13} = 16 \,〔V〕$$

として未知電圧が求まる.

各枝路電流は，この V を，式②，③，④に代入して

$$I_1 = \frac{52 - 16}{4} = 9 \,〔\text{A}〕$$

$$I_2 = \frac{13 - 16}{3} = -1 \,〔\text{A}〕$$

$$I_3 = \frac{16}{2} = 8 \,〔\text{A}〕$$

となる．

　I_2 は負の値で求まったので，図5・16に示した I_2 の向きと逆向きに流れることを示している．

　この問題の場合，節点の数は2個であるから変数は1個となり，方程式は1個ですみ連立方程式とはならない．一般に，節点解析法による方程式の数は，網目電流法の場合の方程式の数と同じか，または少なくてよい．回路を解析する場合，方程式の数が少ないほうが有利である．並列回路の場合，網目電流法の場合より極端に方程式の数が少なくなり有利である．

5.3　行　列　式

　線形電気回路の問題はすべて1次連立方程式を解くことになるが，連立方程式を解くのに便利で重宝な方法があるので，ここで紹介しておくことにする．

（1）　行列式の定義

　行列式は一般に次のように書かれる．

$$
|A| =
\begin{array}{cccc}
\text{第1列} & \text{第2列} & \text{第}j\text{列} & \text{第}n\text{列} \\
\downarrow & \downarrow & \downarrow & \downarrow
\end{array}
\begin{vmatrix}
a_{11} & a_{12} & \cdots\cdots & a_{1n} \\
a_{21} & a_{22} & \cdots\cdots & a_{2n} \\
& \cdots\cdots a_{ij} \cdots\cdots & & \\
a_{n1} & a_{n2} & \cdots\cdots & a_{nn}
\end{vmatrix}
\begin{array}{l}
\leftarrow \text{第1行} \\
\leftarrow \text{第2行} \\
\leftarrow \text{第}i\text{行} \\
\leftarrow \text{第}n\text{行}
\end{array}
\qquad (5\cdot4)
$$

　a_{ij} を i 行 j 列の**要素**（element）といい，第1の添字 i は行（row）を表わし，第2の添字 j は列（column）を表わしている．

　式（5・4）の各行および各列から必ず1個，そして，ただ1個の要素をとり，これを行の順（または列の順でもよい），すなわち，1，2，3，…… ，n の順に並べて積をつくる．この積は第2の添字からなる順列となる．この順列の数は n 個

からn個をとる順列の数であるからn！個だけ生ずる．そこで，この順列が偶順列[*]なら，偶順列になっている積に正号（＋）をつけ，奇順列なら，奇順列になっている積に負号（−）をつけてつくったすべての単項式の代数和をつくると1つの多項式が得られる．この多項式を行列式の値といい，多項式をつくることを行列式を展開するという．

例題 5・4　つぎの行列式の値を求めよ．

$$|A| = \begin{vmatrix} a_{11} & a_{12} & a_{13} \\ a_{21} & a_{22} & a_{23} \\ a_{31} & a_{32} & a_{33} \end{vmatrix}$$

解説　$n = 3$ であるから，順列は，$3! = 6$ 個できる．定義に従って，例えばまず a_{11} をとり出すと，1行1列目からは要素をとり出すことはできない．つぎに a_{22} をとり出すと，1行1列目と2行2列目からは要素をとり出すことはできない．この結果 a_{33} が残るので3つの要素を行の順に並べて積をつくると，$a_{11}\,a_{22}\,a_{33}$ となる．

同様にして，合計6個の順列をつくり，偶順列には＋，奇順列には−の符号をつけて総和をつくれば

$$|A| = a_{11}\,a_{22}\,a_{33} \;+\; a_{12}\,a_{23}\,a_{31} \;+\; a_{13}\,a_{21}\,a_{32} \;-\; a_{11}\,a_{23}\,a_{32}$$
$$-\; a_{13}\,a_{22}\,a_{31} \;-\; a_{12}\,a_{21}\,a_{33}$$

として行列式の値が求まる．

（2）　行列式の展開

行列式を定義に従って展開するのは複雑すぎて実用的ではない．行列式の実用的な展開方法について述べる．

（i）　2次の場合

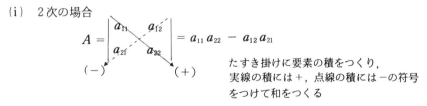

$$A = \begin{vmatrix} a_{11} & a_{12} \\ a_{21} & a_{22} \end{vmatrix} = a_{11}\,a_{22} \;-\; a_{12}\,a_{21}$$

たすき掛けに要素の積をつくり，実線の積には＋，点線の積には−の符号をつけて和をつくる

---

[*]　ある順列が基準数列の要素を何回入れ換えて得られるか，その回数が偶数回なら偶順列，奇数回なら奇順列という．例えば，123（基準），231，312 は偶順列，132，321　213は奇順列である．

(ii) 3次の場合

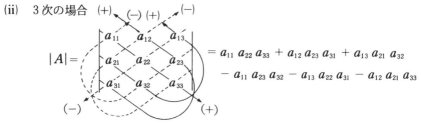

$$|A| = a_{11}\,a_{22}\,a_{33} + a_{12}\,a_{23}\,a_{31} + a_{13}\,a_{21}\,a_{32}$$
$$- a_{11}\,a_{23}\,a_{32} - a_{13}\,a_{22}\,a_{31} - a_{12}\,a_{21}\,a_{33}$$

　たすき掛けに3つの要素の積をつくり,

　実線の積には+,点線の積には-の符号をつけて和をつくる

このたすき掛けの方法は,2次および3次の場合にしか適用できない.

例題5·5　つぎの行列式の値を求めよ.

(1) $\begin{vmatrix} 3 & -4 \\ 5 & 2 \end{vmatrix}$

(2) $\begin{vmatrix} 9 & 4 & 6 \\ 0 & -1 & -7 \\ 13 & 5 & -2 \end{vmatrix}$

解説　(1)

$$|A| = \begin{vmatrix} 3 & -4 \\ 5 & 2 \end{vmatrix} = 3 \times 2 - (-4) \times 5 = 26$$

$$-(-4) \times 5 \qquad 3 \times 2$$

(2)

$$|A| = \begin{vmatrix} 9 & 4 & 6 \\ 0 & -1 & -7 \\ 13 & 5 & -2 \end{vmatrix} = 9 \times (-1) \times (-2) + 0 \times 5 \times 6 + 13 \times (-7) \times 4$$
$$- 6 \times (-1) \times 13 - 4 \times 0 \times (-2) - 9 \times 5 \times (-7)$$
$$= 47$$

(iii)　4次以上の場合

　4次以上の場合には,2次,および3次の場合のように,機械的にたすきに掛けて行列式を展開する方法はない.この場合には,余因数を用いて展開したり,行列式の次数を1次ずつ下げていって展開する方法などがあるが,これらの方法については数学の専門書で学んでほしい.

(3)　行列式による連立方程式の解法

　連立方程式

$$\begin{cases} a_{11}\,x_1 + a_{12}\,x_2 + \cdots\cdots + a_{1n}x_n = b_1 \\ a_{21}\,x_1 + a_{22}\,x_2 + \cdots\cdots + a_{2n}x_n = b_2 \\ \cdots\cdots\cdots\cdots\cdots\cdots\cdots\cdots\cdots\cdots\cdots\cdots\cdots\cdots\cdots \\ a_{n1}\,x_1 + a_{n2}\,x_2 + \cdots\cdots + a_{nn}x_n = b_n \end{cases} \qquad (5 \cdot 5)$$

を考えよう.

この方程式の左辺の係数でつくった行列式を

$$D = \begin{vmatrix} a_{11} & a_{12} & \cdots\cdots & a_{1n} \\ a_{21} & a_{22} & \cdots\cdots & a_{2n} \\ \cdots\cdots\cdots\cdots\cdots\cdots\cdots \\ a_{n1} & a_{n2} & \cdots\cdots & a_{nn} \end{vmatrix}$$

とし, $D \neq 0$ ならば, 式(5・5)の連立方程式の解は

$$x_1 = \frac{1}{D} \begin{vmatrix} b_1 & a_{12} & \cdots\cdots & a_{1n} \\ b_2 & a_{22} & \cdots\cdots & a_{2n} \\ \cdots\cdots\cdots\cdots\cdots\cdots \\ b_n & a_{n2} & \cdots\cdots & a_{nn} \end{vmatrix}, \quad x_2 = \frac{1}{D} \begin{vmatrix} a_{11} & b_1 & \cdots\cdots & a_{1n} \\ a_{21} & b_2 & \cdots\cdots & a_{2n} \\ \cdots\cdots\cdots\cdots\cdots\cdots \\ a_{n1} & b_n & \cdots\cdots & a_{nn} \end{vmatrix}, \quad \cdots\cdots,$$

$$x_n = \frac{1}{D} \begin{vmatrix} a_{11} & \cdots\cdots & a_{1\,n-1} & b_1 \\ a_{21} & \cdots\cdots & a_{2\,n-1} & b_2 \\ \cdots\cdots\cdots\cdots\cdots\cdots \\ a_{n1} & \cdots\cdots & a_{nn-1} & b_n \end{vmatrix} \qquad\qquad (5\cdot6)$$

で与えられる. これを**クラメール(Cramer)の公式**という.

例題5・6 次の連立方程式を解け.
$$\begin{cases} 3x + y = 1 \\ 2x - 3y = 8 \end{cases}$$

解説 式(5・6)のクラメールの公式を適用して

$$x = \frac{\begin{vmatrix} 1 & 1 \\ 8 & -3 \end{vmatrix}}{\begin{vmatrix} 3 & 1 \\ 2 & -3 \end{vmatrix}} = \frac{-3-8}{-9-2} = \frac{-11}{-11} = 1$$

および

$$y = \frac{\begin{vmatrix} 3 & 1 \\ 2 & 8 \end{vmatrix}}{\begin{vmatrix} 3 & 1 \\ 2 & -3 \end{vmatrix}} = \frac{24-2}{-9-2} = \frac{22}{-11} = -2$$

$$\therefore \begin{cases} x = 1 \\ y = -2 \end{cases}$$

として求まる.

例題5·7 例題5·2の連立方程式を解け.

解説

$$I_1 = \frac{\begin{vmatrix} 39 & -3 \\ 13 & 5 \end{vmatrix}}{\begin{vmatrix} 7 & -3 \\ -3 & 5 \end{vmatrix}} = \frac{195 + 39}{35 - 9} = \frac{234}{26} = 9 \text{〔A〕}$$

$$I_2 = \frac{\begin{vmatrix} 7 & 39 \\ -3 & 13 \end{vmatrix}}{\begin{vmatrix} 7 & -3 \\ -3 & 5 \end{vmatrix}} = \frac{91 + 117}{26}$$
$$= \frac{208}{26} = 8 \text{〔A〕}$$

$$\begin{cases} I_1 = 9 \text{〔A〕} \\ I_2 = 8 \text{〔A〕} \end{cases}$$

となる.

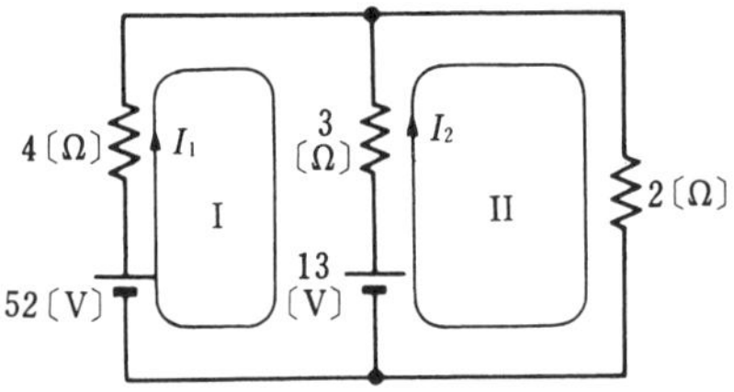

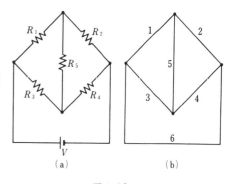

$$\begin{cases} 7 I_1 - 3 I_2 = 39 \\ -3 I_1 + 5 I_2 = 13 \end{cases}$$

図5·17

5.4 独立閉路

　キルヒホッフの法則を適用して方程式をたてる場合，独立な閉路をどのように選んだらよいだろうか．もし，閉路が重複していたり，その数が不足していれば，回路網を解くことはできない．

(1) 回路網のグラフ

　独立な閉路の数というものは，回路網の幾何学的な接続だけで決まる性質のもので，その回路網の電圧，電流とか，抵抗（インピーダンス）というものとは無関係である．したがって，このような場合には，回路網を構成する

図5·18

素子の種類を問題にしないで，それらの接続状態だけを抜き出して考えればよい．

図5・18（a）の回路網を枝路と接続点（節点）のみで表わした図（b）を，図（a）に示す回路網の**グラフ（graph）**という．

（2） 回路網の木

回路網のグラフにおいて，すべての接続点をつないでいるが，閉路を形成することのないような接続点のつながりを，その回路網の**木（樹）（tree）**という．

図5・18（b）の枝路 3-1-5，4-5-2，あるいは 6-3-4 はそれぞれ1つの閉路を形成しているが，**図5・19**において実線の枝路で構成される図形は閉路を形成することがない．したがって図5・19（a），（b），（c）は，図5・18に示す回路網の木の一例である．このように，1つの回路網に対する木は1種類とは限らない．

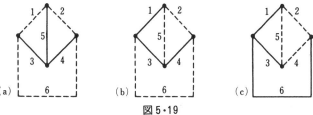

図 5・19

（3） 連結枝路

いま，図5・19の木のうちの1つ**図5・20（a）**をとりあげた場合，この木に存在しない枝路 1, 2, 6 を**連結枝路（link）**という．

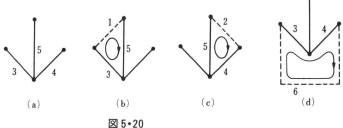

図 5・20

図5・20（b）のように連結枝路1を追加すると，3-1-5の閉路が生じる．同様にして，連結枝路 2, 6 を追加すると，図（c），（d）のように，4-5-2，および 6-3-4 の閉路が生じ，これらの閉路は一致することはない．つまり，独立である．

一般に，回路網の接続点の総数を n_p とすれば，木を構成するに必要な枝路の数 n は

$$n = n_p - 1$$

である．したがって，回路網を構成する枝路の総数を n_b とすれば，連結枝路の数 n_l は

$$n_l = n_b - n = n_b - n_p + 1 \qquad (5 \cdot 7)$$

となる．図5・18の回路網では

$$n_l = n_b - n_p + 1$$
$$= 6 - 4 + 1 = 3 〔個〕$$

である．この連結枝路の数が独立閉路の数である．

例題5・8 図5・21の回路網のグラフにおいてつぎの問に答えよ．

(1) このグラフに対する木の例を3つ示せ．

(2) 独立閉路の数は何個か．

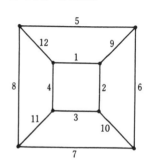

図5・21

解説 (1) 図5・22に一例を示す．

このように，回路網のすべての接続点（8〔個〕）を連結しているが，閉路を形成することはない．

(2) 独立閉路の数 n_l は

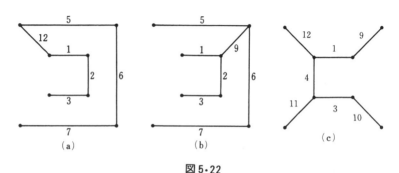

(a)　　　　　　(b)　　　　　　(c)

図5・22

$$n_l = n_b - n_p + 1$$
$$= 12 - 8 + 1 = 5 \,〔個〕$$

である.

例題5·9 図5·23 に示す回路網の R_5 に流れる電流を求めよ.

解説 **解答例1**

独立閉路の数 n_l は

$$n_l = n_b - n_p + 1$$
$$= 6 - 4 + 1 = 3 \,〔個〕$$

である.

網目電流法で解くことにすると,閉路(ループ)に沿ってループ電流が流れるのであるから,3個の方程式ができる.

つぎに,図5·24(a)の木を用いれば,図(b)のループとなる. I, Ⅱ, Ⅲのループにそれぞれキルヒホッフの電圧の法則を適用して

Ⅰのループより

$$(R_1 + R_3 + R_5)I_1 - R_5 I_2 - R_3 I_3 = 0$$

Ⅱのループより

$$- R_5 I_1 + (R_2 + R_4 + R_5)I_2 - R_4 I_3 = 0$$

Ⅲのループより

$$- R_3 I_1 - R_4 I_2 + (R_3 + R_4)I_3 = V$$

①

が得られる.

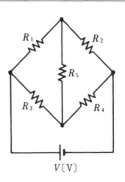

図 5·23

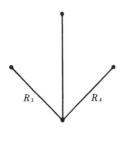

(a) 図5·23の木の一例

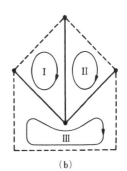

(b)

図 5·24

式①の連立方程式を行列式を用いて解くと

$$I_1 = \frac{\begin{vmatrix} 0 & -R_5 & -R_3 \\ 0 & (R_2 + R_4 + R_5) & -R_4 \\ V & -R_4 & (R_3 + R_4) \end{vmatrix}}{D_1}$$

$$= \frac{V\{R_4 R_5 + R_3(R_2 + R_4 + R_5)\}}{D_1} \tag{②}$$

および I_2 は

$$I_2 = \frac{\begin{vmatrix} (R_1 + R_3 + R_5) & 0 & -R_3 \\ -R_5 & 0 & -R_4 \\ -R_3 & V & (R_3 + R_4) \end{vmatrix}}{D_1}$$

$$= \frac{V\{R_3 R_5 + R_4(R_1 + R_3 + R_5)\}}{D_1} \tag{③}$$

ただし，D_1 は

$$D_1 = \begin{vmatrix} (R_1 + R_3 + R_5) & -R_5 & -R_3 \\ -R_5 & (R_2 + R_4 + R_5) & -R_4 \\ -R_3 & -R_4 & (R_3 + R_4) \end{vmatrix}$$

$$= R_1 R_2 R_3 + R_1 R_3 R_4 + R_1 R_3 R_5 + R_2 R_3 R_5 + R_1 R_2 R_4$$
$$+ R_1 R_4 R_5 + R_2 R_3 R_4 + R_2 R_4 R_5 \tag{④}$$

である．したがって，R_5 に流れる電流 I は，I_1 と I_2 を重ね合わせて

$$I = I_1 - I_2$$

$$= \frac{V\{R_4 R_5 + R_3(R_2 + R_4 + R_5)\}}{D_1}$$

$$- \frac{V\{R_3 R_5 + R_4(R_1 + R_3 + R_5)\}}{D_1}$$

$$= \frac{V\{R_2 R_3 - R_1 R_4\}}{D_1} \tag{⑤}$$

となる．

解答例2

図5・25の木を用い，図（b）の
ループで解くことにする．

図（b）に示すⅠ，Ⅱ，Ⅲのループ
にそれぞれキルヒホッフの電圧の法
則を適用して

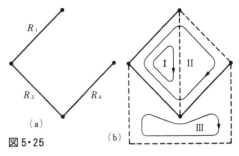

図5・25

Ⅰのループより

$$(R_1 + R_3 + R_5)I_1 +(R_1 + R_3)I_2 - R_3 I_3 = 0$$

Ⅱのループより

$$(R_1 + R_3)I_1 +(R_1 + R_2 + R_3 + R_4)I_2 -(R_3 + R_4)I_3 = 0 \left.\right\} \quad ⑥$$

Ⅲのループより

$$-R_3 I_1 -(R_3 + R_4)I_2 +(R_3 + R_4)I_3 = V$$

となる．式⑥の連立方程式を解くと

$$I_1 = \cfrac{\begin{vmatrix} 0 & (R_1 + R_3) & - R_3 \\ 0 & (R_1 + R_2 + R_3 + R_4) & -(R_3 + R_4) \\ V & -(R_3 + R_4) & (R_3 + R_4) \end{vmatrix}}{D_2}$$

$$= \frac{V\{ R_2 R_3 - R_1 R_4 \}}{D_2} \quad ⑦$$

ただし，D_2 は

$$D_2 = \begin{vmatrix} (R_1 + R_3 + R_5) & (R_1 + R_3) & - R_3 \\ (R_1 + R_3) & (R_1 + R_2 + R_3 + R_4) & -(R_3 + R_4) \\ - R_3 & -(R_3 + R_4) & (R_3 + R_4) \end{vmatrix}$$

$$= R_1 R_2 R_3 + R_1 R_3 R_4 + R_1 R_3 R_5 + R_2 R_3 R_5 + R_1 R_2 R_4$$
$$+ R_1 R_4 R_5 + R_2 R_3 R_4 + R_2 R_4 R_5 = D_1 \quad ⑧$$

であり，式④の D_1 の値と同じことがわかる．

R_5 に流れる電流は，ループ Ⅰ の電流のみが流れるのであるから，式⑦の I_1 で与えられる．

このように R_5 に流れる電流は，式⑤で与えられる値と同じであることがわかる．

この場合，解答例1では R_5 に流れる電流をループⅠの電流とループⅡの電流を求め，重ね合せによって求めている．解答例2では R_5 に流れる電流は，ループⅠの電流で求められるので1回の計算ですむ．計算が少ないほうが有利であることはいうまでもない．この差

は木の選び方によるものである.

既述したように，木は1種類とは限らない．したがって，この木の種類だけ閉路（ループ）のとり方が考えられるので，必要とする枝路の電流が容易に求められるような木を選んで解くとよい．ただし，すべての枝路の電流を求める場合にはどのような木を用いても同じ手数となる.

例題5・10　図5・26の回路において，未知抵抗 R_x が求められる理由を述べよ.

解説　図5・26の回路は，例題5・9の回路の R_2 を，未知抵抗 R_x で置き換えた形になっている．実は，この回路は有名な**ホイートストンブリッジ**と呼ばれるもので，中抵抗の精密測定に用いられている.

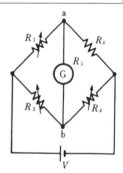

G：検流計（Galvanometer）
R_5：検流計の内部抵抗

図5・26　ホイートストンブリッジ

ホイートストンブリッジの原理

検流計 G（R_5）に流れる電流が零になるように，R_1, R_3, R_4 を調整する．検流計 G の振れが零となったとき，ブリッジが**平衡**したという．検流計 G に流れる電流 I は，例題5・9の式⑤より，$R_2 \rightarrow R_x$ として

$$I = \frac{V\{R_x R_3 - R_1 R_4\}}{D_1} \tag{①}$$

であり，ブリッジが平衡するには，式①で

$$I = \frac{V\{R_x R_3 - R_1 R_4\}}{D_1} = 0 \tag{②}$$

となればよい.

ブリッジが平衡すると，式②よりつぎの条件が成立する.

$$R_x R_3 = R_1 R_4 \quad （向い合った抵抗の積が等しい） \tag{③}$$

または

$$\frac{R_1}{R_3} = \frac{R_x}{R_4} \tag{④}$$

式③または式④を**平衡条件の式**という.

平衡条件を満足しているときは，検流計 G には電流は流れない．すなわち，a点の電位

とb点の電位が等しいということになる. 平衡条件の式より, 未知抵抗 R_x は

$$R_x = \frac{R_1}{R_3} R_4$$

として求めることができる.

例題5・11 図5・27 に示すようなホイートストンブリッジが平衡するためには, R_x の値を何〔Ω〕にしたらよいか.

解説 ブリッジの平衡条件の式より

$$100 \times R_x = 200 \times 1000$$

$$\therefore R_x = \frac{200 \times 1000}{100} = 2000 \text{〔Ω〕}$$

をうる.

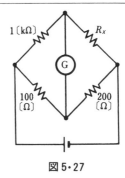

図5・27

例題5・12 図5・28 に示す回路の a−b 間の合成抵抗 R_{ab} を求めよ.

解説 この回路はブリッジ回路である. 向い合った抵抗の積は

$$1 \times 2 = 2 \times 1$$

であるから, このブリッジ回路は平衡している. したがって, c−d 間は同電位で電流は流れない. このことは, c−d 間を開放または短絡しても, もとの回路の状態と同じであることを意味している.

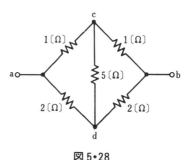

図5・28

● c−d 間開放（図5・29）

$$R_{ab} = \frac{(1+1) \times (2+2)}{(1+1) + (2+2)}$$

$$= \frac{8}{6} = \frac{4}{3} \text{〔Ω〕}$$

● c−d 間短絡（図5・30）

$$R_{ab} = \frac{1 \times 2}{1 + 2} + \frac{1 \times 2}{1 + 2}$$

$$= \frac{2}{3} + \frac{2}{3} = \frac{4}{3} \text{〔Ω〕}$$

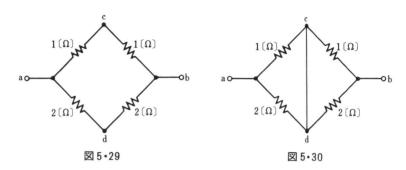

図 5・29　　　　　　　　　　　図 5・30

5章　演習問題

1 図 5・31に示す回路において，抵抗 R_1, R_2, R_3 に流れる電流を求めよ．ただし，V_1 = 4〔V〕，V_2 = 2〔V〕，R_1 = 0.25〔Ω〕，R_2 = 0.1〔Ω〕，R_3 = 0.1〔Ω〕とする．

2 図 5・32に示す回路に流れる電流を求めよ．ただし，V_1 = 6〔V〕，V_2 = 4〔V〕，V_3 = 2〔V〕，R_1 = 10〔Ω〕，R_2 = 2〔Ω〕，R_3 = 5〔Ω〕とする．

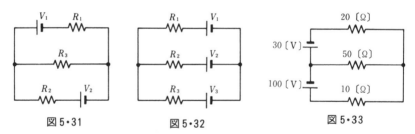

図 5・31　　　　　　図 5・32　　　　　　図 5・33

3 図 5・33に示す回路の各枝路に流れる電流を求めよ．

4 図 5・34に示す回路の各枝路に流れる電流を求めよ．

5 図 5・35に示す回路の，I_1 および I_2 の値を求めよ．

6 図 5・36に示す回路の，各枝路に流れる電流を枝路電流法により求めよ．

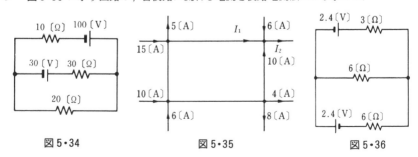

図 5・34　　　　　　図 5・35　　　　　　図 5・36

7　図 5·36 に示す回路の，各枝路に流れる電流を網目電流法により求めよ．

8　図 5·36 に示す回路の，各枝路に流れる電流を節点解析により求めよ．

9　**図 5·37** に示す回路の，a–b 間の電圧を求めよ．

10　図 5·38 に示すブリッジ回路の電流 I を**図 5·39** の木を用いて求めよ．

11　図 5·38 に示すブリッジ回路の電流 I を**図 5·40** の木を用いて求めよ．

12　**図 5·41**に示す ab 端子からみた合成抵抗 R_{ab} ，および cd 端子からみた合成抵抗 R_{cd} を求めよ．

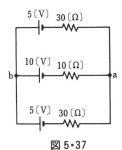

図 5·37

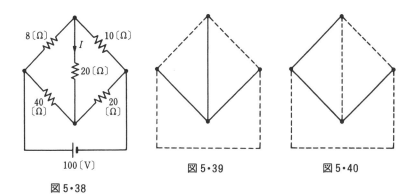

図 5·38　　　図 5·39　　　図 5·40

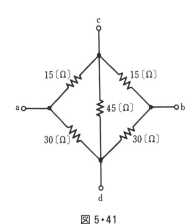

図 5·41

$\boldsymbol{6}$ 章 回 路 の 定 理

オームの法則とキルヒホッフの法則を適用すれば，どんな複雑な回路でも解析することができる．しかし，与えられた回路の構成によっては以下に述べる有用な諸定理がある．

6.1 重ね合せの理

「多数の起電力が存在する線形な回路網において，各枝路を流れる電流分布は，それらの起電力がそれぞれ単独に存在しているときの電流分布を重ね合わせたものに等しい．」

この **重ね合せの理**（principle of superposition）は，回路網に限らず線形* な系に対して常に成立する重要な性質で，重ね合せの理が成立すれば，その系は線形であるということができる．

この原理は線形性そのものを表わしているのであるから，証明すべきものではない．また，この原理から導かれる結果が事実と矛盾することはないので，キルヒホッフの法則と矛盾するものでもない．

例題 6·1　図 6·1 に示す回路に流れる電流を，重ね合せの理を用いて求めよ．

解説　**重ね合せの理の使い方**

(1)　各電圧源（電流源）ごとに回路を分離する．

図 6·2（a），（b）のように各電圧源ごとに分離する．この場合，1つの電圧源（電流源）について考えるときは他の電圧源は短絡（電流源は開放）する．

(2)　各電圧源（電流源）ごとに分離した回路の各枝路の電流 $I_1, I_2, I_3, \cdots\cdots$ を求める．

まず，図（a）のように，起電力 V_1 だけを含む回路の各枝

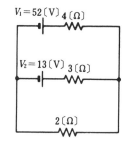

図 6·1

---

*　電圧と電流が比例関係にある回路を線形（ linear ）回路という．

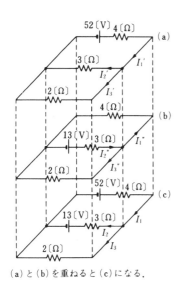

(a)と(b)を重ねると(c)になる.

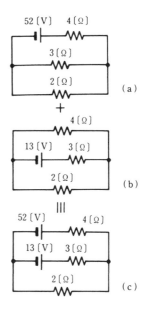

図 6·2

路の電流を求める.

合成抵抗 R_a は

$$R_a = 4 + \frac{2 \times 3}{2+3} = 5.2 \,[\Omega]$$

ゆえに,I_1' は

$$I_1' = \frac{V_1}{R_a} = \frac{52}{5.2} = 10 \,[\text{A}]$$

I_2',I_3' は電流の分流の式を用いて,それぞれ

$$I_2' = I_1' \times \frac{2}{3+2} = 10 \times \frac{2}{3+2} = 4 \,[\text{A}]$$

$$I_3' = I_1' \times \frac{3}{3+2} = 10 \times \frac{3}{3+2} = 6 \,[\text{A}]$$

として求まる.

つぎに,図(b)のように,起電力 V_2 だけを含む回路の各枝路の電流を求める.

合成抵抗 R_b は

$$R_b = 3 + \frac{2 \times 4}{2+4} = 3 + \frac{8}{6} = \frac{26}{6} \,[\Omega]$$

ゆえに，I_2'' は

$$I_2'' = \frac{V_2}{R_b} = \frac{13}{\dfrac{26}{6}} = 3 \text{〔A〕}$$

I_1'', I_3'' は電流の分流の式を用いて，それぞれ

$$I_1'' = I_2'' \times \frac{2}{2+4} = 3 \times \frac{2}{2+4} = 1 \text{〔A〕}$$

$$I_3'' = I_2'' \times \frac{4}{2+4} = 3 \times \frac{4}{2+4} = 2 \text{〔A〕}$$

として求まる．

(3) 各電圧源ごとに分離した回路の電流 I_1, I_2, I_3, …… の代数和を求める．
図6・2の（a），（b）を重ね合せると，与えられた回路図（c）となる．ゆえに

$$I_1 = I_1' - I_1'' = 10 - 1 = 9 \text{〔A〕}$$
$$I_2 = I_2' - I_2'' = 4 - 3 = 1 \text{〔A〕}$$
$$I_3 = I_3' + I_3'' = 6 + 2 = 8 \text{〔A〕}$$

となり，各枝路の電流が求まる．

6.2 鳳-テブナンの定理*

いま図6・3に示すように，回路網の端子 ab を
開放したとき，端子 ab 間に現れる電圧を V_0，
端子 ab より回路網を見た合成抵抗を R_0 とする．
この端子 ab 間に抵抗 R を接続したとき，R に流
れる電流 I は

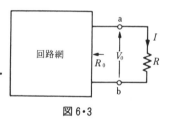

図6・3

$$I = \frac{V_0}{R_0 + R} \quad \text{〔A〕} \tag{6・1}$$

である．これを鳳 - テブナンの定理という．

＜証明＞ 図6・4（a）のように，端子 ab間の開放電圧に等しい起電力を R と直列に接続
すれば，抵抗 R の両端電圧は零となるから電流は流れない．つぎに図（b）のように，起電

---

* Ho-Thévenin の定理．（鳳 秀太郎とフランス人M. L. Thévenin）
交流回路でもこの定理が成り立つことを鳳博士が発見し，わが国ではこの定理を鳳-テブナン
の定理と呼んでいる．

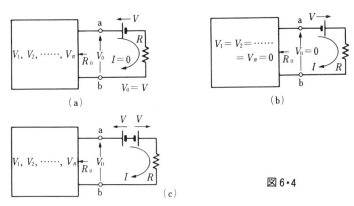

図 6・4

力の向きを図（a）の場合と逆向きとし，回路網中の起電力をすべて零にすれば，抵抗 R に流れる電流は

$$I = \frac{V_0}{R_0 + R}$$

となる.

　重ね合せの理を応用し，図（a）と図（b）を重ね合せると図（c）となり，接続した起電力は互いに打ち消し合い，元の状態と同じになる．したがって，この状態における抵抗 R に流れる電流は，図（a）の場合の電流が零であるから

$$I = \frac{V_0}{R_0 + R} \quad \text{〔A〕}$$

となる.

　すなわち，このことは，回路網中の任意の2端子間の電圧が V_0 で，2端子から回路網を見た合成抵抗が R_0 であれば，この回路網

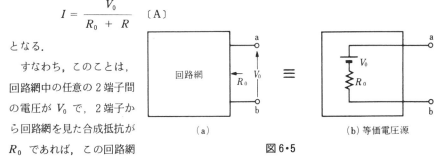

図6・5

の ab 端子間は，外部に対して内部抵抗が R_0 で，起電力が V_0 である電源と等価であるということができる.

　図6・5（b）を等価電圧源という．

　このように，電源はその内部に起電力と**内部抵抗**をもつということができる．電源の内部抵抗は，ab 端から電源側を見た抵抗であり，この場合，重ね合せの理の項で述べたように起電力は短絡状態で考える．

図 6・6 に示すように電圧源に負荷 R を接続すれば

$$I = \frac{V_0}{R_0 + R}$$

なる電流が流れるので，ab 間の電圧 V_{ab} は

$$V_{ab} = V_0 - IR_0$$

となり，起電力 V_0 から電源の内部抵抗 R_0 の電圧降
下分を引いた値となる．この電圧降下分は外部に対し
て有効に働かないばかりか，I^2R_0 のジュール熱を発生
して電源の温度を上昇させることになる．したがって，電源の内部抵抗は小さい
ほどよく，理想的には零であることが望ましい．

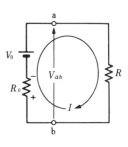

図 6・6

例題6・2　図 6・7 に示す回路の 2〔Ω〕の抵抗に流れる電流 I を鳳－テブナン
の定理を用いて求めよ．

解説　図6・7 の ab 端子を開放する．内部抵抗
R_0 は，図6・8（a）より

$$R_0 = \frac{3 \times 4}{3 + 4} = \frac{12}{7} \ 〔Ω〕 \qquad ①$$

となる．

つぎに，ab 端子を開放したとき，ab 間に現
れる電圧 V_0 を求める．

図6・8（b）で，キルヒホッフの電圧の法則
を適用すると

$$52 - 13 = I(3 + 4), \qquad 39 = 7I$$

$$\therefore I = \frac{39}{7} \ 〔A〕$$

となるので，ab 間の電圧 V_0 は

$$V_0 = 13 + 3 \times \frac{39}{7} = \frac{208}{7} \ 〔V〕 \qquad\qquad ②$$

$$\left(\text{または } V_0 = 52 - 4 \times \frac{39}{7} = \frac{208}{7} \ 〔V〕\right)$$

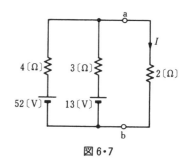

図 6・7

として求まる．ゆえに，求める電流 I は

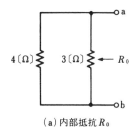

（a）内部抵抗 R_0

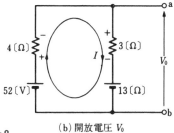

（b）開放電圧 V_0

図6・8

$$I = \frac{V_0}{R_0 + R} = \frac{208/7}{12/7 + 2} = \frac{208/7}{26/7} = 8 \ \text{[A]}$$

として求めることができる．

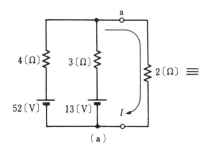

（a）

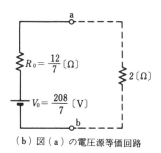

（b）図（a）の電圧源等価回路

図6・9

6.3　ノートンの定理

　図6・10 に示すように，回路網の端子 ab を短絡したとき流れる電流を I_s，端子 ab を開放したとき，ab より回路網を見た合成コンダクタンスを G_0 とする．

　この端子 ab 間にコンダクタンス G を接続したとき，G の両端電圧 V は

図6・10

$$V = \frac{I_s}{G_0 + G} \ \text{[V]} \tag{6・2}$$

である．これをノートン（E. L. Norton）の定理という．

<証明> 図6・11（a）のように，短絡電流 I_s に等しい大きさを もつ電流源を図に示す向きに G と並列に接続すれば，Gには電流は流れなくなるから，Gの両端電圧は零となる.

つぎに，図（b）のように，電流源の向きを逆向きとし，回路網中のすべての起電力を零とすると，Gの両端電圧は明らかに

$$V = \frac{I_s}{G_0 + G} \ \text{〔V〕}$$

となる.

重ね合せの理を応用し，図（a）と図（b）を重ね合せると図（c）となり，電流源は互

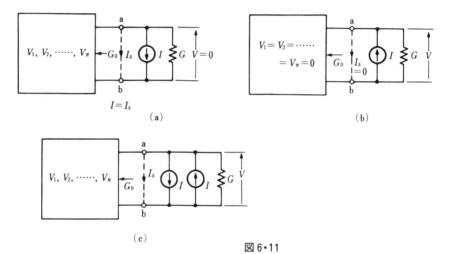

図6・11

いに逆向きのため打ち消し合い，元の状態と同じになる. したがって，この状態における G の両端電圧 V は，図（a）の場合零であるから

$$V = \frac{I_s}{G_0 + G}$$

となる.

この定理は，鳳－テブナンの定理と双対の関係にある. 式（6・1）を変形して

$$I = \frac{V_0}{R_0 + R} = \frac{R_0}{R_0 + R} \frac{V_0}{R_0} \tag{6・3}$$

V_0 / R_0 は図6・5でab間を短絡したときの電流で，これをI_s と表わせば，式（6・3）は

$$I = I_s \frac{R_0}{R_0 + R} \qquad\qquad (6\cdot 4)$$

となる．

したがって，R の両端電圧 V は

$$V = RI = I_s \frac{R_0 R}{R_0 + R}$$

$$= I_s \frac{1}{\dfrac{1}{R_0} + \dfrac{1}{R}} = \frac{I_s}{G_0 + G} \quad \left(\because G_0 = \frac{1}{R_0} , \ G = \frac{1}{R} \right)$$

このように鳳－テブナンの定理より，式（6・2）を導くことができる．

式（6・4）は，**図 6・12** に示すように，回路網中の任意の 2 端子間を短絡したときの電流を I_s，2 端子を開放したとき回路網を見た合成抵抗が R_0 であれば，この回路網の ab 端子間は，外部に対して，内部抵抗が R_0 である電流源 I_s と等価であることを示している．図 6・12（c）を**等価電流源**という．

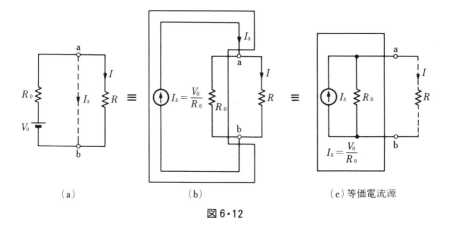

（a）　　　　　　　　　（b）　　　　　　　（c）等価電流源

図 6・12

以上のことから，ある回路網が与えられたとき，その回路網の ab 端子間を等価電源に置き換えることができる．

＜等価電圧源＞

ab 間を開放し，端子電圧 V_0 と内部抵抗 R_0 を求め，V_0 と R_0 との直列回路をつくる（**図 6・13**）．

負荷電流 I は

$$I = \frac{V_0}{R_0 + R} \quad \text{〔A〕}$$

端子電圧 V は

$$V = \frac{R}{R_0 + R} V_0 \quad \text{〔V〕} \qquad （V_0 を R_0 と R で分圧する）$$

となる．

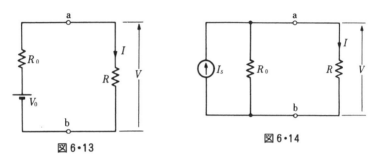

図 6·13　　　　　　　図 6·14

<等価電流源>

ab間を短絡し，ここを流れる電流 I_s を求める．ab間を開放し内部抵抗 R_0 を求め，I_s と R_0 との並列回路をつくる(図6·14)．

負荷電流 I は

$$I = \frac{R_0}{R_0 + R} I_s \text{〔A〕} \qquad （I_s を R_0 と R で分流する）$$

端子電圧 V は

$$V = \frac{R_0 R}{R_0 + R} I_s \quad \text{〔V〕}$$

$$= \frac{I_s}{G_0 + G} \quad \text{〔V〕} \qquad \left(\because \ G_0 = \frac{1}{R_0}, \ G = \frac{1}{R} \right)$$

となる．

<内部抵抗>

ab 端子から回路網を見た内部抵抗 R_0 は，電圧源なら短絡状態で考え，電流源なら開放状態で考える(図6·15)．

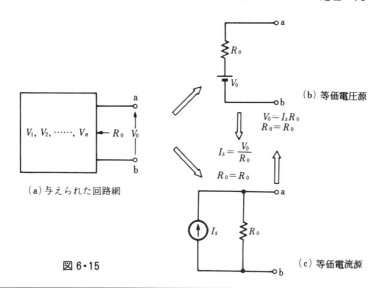

（a）与えられた回路網

（b）等価電圧源

$$V_0 = I_s R_0$$
$$R_0 = R_0$$

$$I_s = \frac{V_0}{R_0}$$

$$R_0 = R_0$$

（c）等価電流源

図6・15

例題6・3　図6・16に示す回路の2〔Ω〕の抵抗の両端電圧をノートンの定理を用いて求めよ.

解説　図6・16のab端子を開放する.

内部抵抗 R_0 は

$$R_0 = \frac{3 \times 4}{3 + 4} = \frac{12}{7} \quad 〔Ω〕$$

となる.

つぎに，ab端子を短絡したとき流れる電流 I_s は，図6・17（b）より

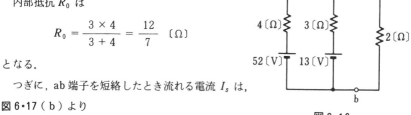

図6・16

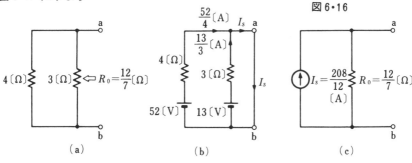

（a）　　　　（b）　　　　（c）

図6・17

$$I_s = \frac{52}{4} + \frac{13}{3} = \frac{208}{12} \quad \text{〔A〕}$$

となる．したがって，図6·17（c）の等価電流源をうる．ゆえに，求める電圧 V は

$$V = \frac{208 / 12}{7 / 12 + 1 / 2} = \frac{208 / 12}{13 / 12} = 16 \quad \text{〔V〕}$$

として求めることができる．

　負荷電流 I は，式（6·4）を用いて計算できるが，オームの法則より簡単に求められる．

$$I = \frac{V}{R} = \frac{16}{2} = 8 \quad \text{〔A〕}$$

（例題6·2 と比較参照してみよ．）

例題6·4　図6·18に示す電源を等価電圧源および等価電流源で表わせ．

解説

（1）　等価電圧源

　図6·18の2〔A〕と3〔Ω〕の並列回路（4〔V〕の起電力は短絡状態で考える）からなる電流源を電圧源に変換すると，図6·19（a）となる．図（a）を整理すれば図（b）のような等価電圧源をうる．

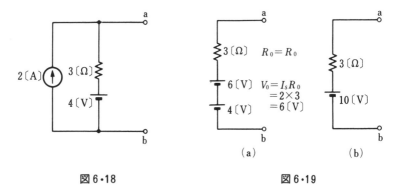

図6·18　　　　　　　　　図6·19

（2）　等価電流源

　図6·18の3〔Ω〕と4〔V〕の直列回路からなる電圧源を電流源に変換すると図6·20（a）となる．図（a）を整理すれば図（b）のような等価電流源をうる．

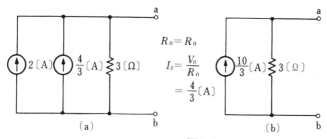

$R_0 = R_0$

$I_s = \dfrac{V_0}{R_0}$

$= \dfrac{4}{3}$〔A〕

図 6・20

6.4　帆足-ミルマンの定理*

　図6・21に示すように，いくつもの枝路が並列
に接続されている場合に，その端子電圧 V は，次
式で与えられる.

$$V = \frac{\dfrac{V_1}{R_1} + \dfrac{V_2}{R_2} + \dfrac{V_3}{R_3}}{\dfrac{1}{R_1} + \dfrac{1}{R_2} + \dfrac{1}{R_3}} \qquad (6 \cdot 5)$$

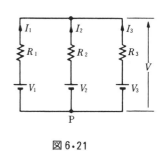

図 6・21

＜証明＞　図6・21において，P 点を基準に選び，節点解析により

$$I_1 + I_2 + I_3 = 0 \qquad\qquad\qquad ①$$

$$I_1 = \frac{V_1 - V}{R_1} \qquad\qquad\qquad ②$$

$$I_2 = \frac{V_2 - V}{R_2} \qquad\qquad\qquad ③$$

$$I_3 = \frac{V_3 - V}{R_3} \qquad\qquad\qquad ④$$

　式①に式②，③，④を代入すれば

$$\frac{V_1 - V}{R_1} + \frac{V_2 - V}{R_2} + \frac{V_3 - V}{R_3} = 0$$

$$\left\{ \frac{V_1}{R_1} + \frac{V_2}{R_2} + \frac{V_3}{R_3} \right\} - V \left\{ \frac{1}{R_1} + \frac{1}{R_2} + \frac{1}{R_3} \right\} = 0$$

となり，上式より

---

　*　帆足竹治（1928）が，ミルマン（1940）よりも12年も前にこの定理を発見しているので，
　わが国ではこのように呼んでいる.

$$V = \cfrac{\cfrac{V_1}{R_1} + \cfrac{V_2}{R_2} + \cfrac{V_3}{R_3}}{\cfrac{1}{R_1} + \cfrac{1}{R_2} + \cfrac{1}{R_3}}$$

となる．

　一般に，図6・22のように，n 個の枝路が並列に接続されている場合には

$$V = \cfrac{\cfrac{V_1}{R_1} + \cfrac{V_2}{R_2} + \cdots\cdots + \cfrac{V_n}{R_n}}{\cfrac{1}{R_1} + \cfrac{1}{R_2} + \cdots\cdots + \cfrac{1}{R_n}} \tag{6・6}$$

$$\therefore V = \cfrac{\displaystyle\sum_{i=1}^{n} \cfrac{V_i}{R_i}}{\displaystyle\sum_{i=1}^{n} \cfrac{1}{R_i}}$$

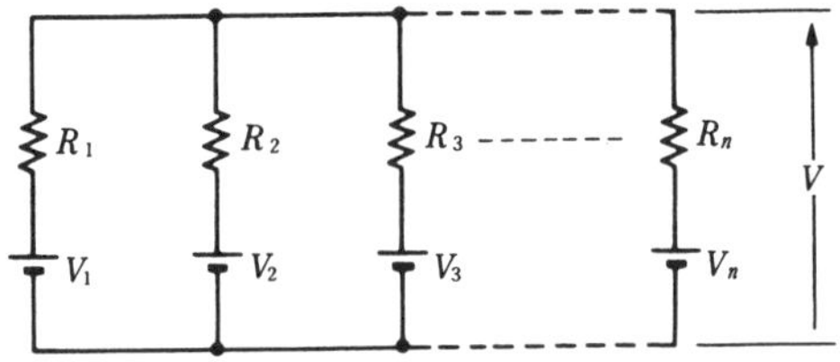

図6・22

となる．

　このように，帆足－ミルマンの定理は節点解析による結果式を与えている．この定理は枝路が並列に接続されている回路網の解析には，非常に便利な手段である．

> **例題6・5**　図6・23に示す回路の端子電圧 V を帆足－ミルマンの定理を用いて求めよ．

[解説]　式（6・5）に与えられた数値を代入すれば

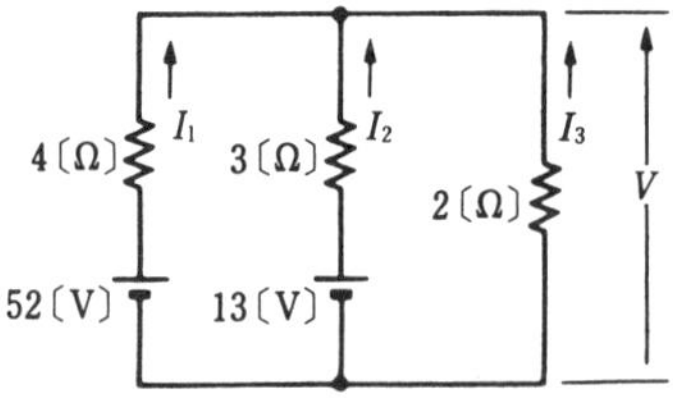

$$V = \cfrac{\cfrac{52}{4} + \cfrac{13}{3} + \cfrac{0}{2}}{\cfrac{1}{4} + \cfrac{1}{3} + \cfrac{1}{2}}$$

図6・23

$$= \cfrac{\cfrac{156}{12} + \cfrac{52}{12}}{\cfrac{3}{12} + \cfrac{4}{12} + \cfrac{6}{12}} = \cfrac{\cfrac{208}{12}}{\cfrac{13}{12}} = 16 \quad \text{〔V〕}$$

各枝路の電流を求めてみると

$$I_1 = \frac{52 - 16}{4} = \frac{36}{4} = 9 \,〔\text{A}〕$$

$$I_2 = \frac{13 - 16}{3} = -1 \,〔\text{A}〕 \quad (図6・23に示す向きとは逆に流れる)$$

および

$$I_3 = \frac{0 - 16}{2} = -8 \,〔\text{A}〕 \quad (図6・23に示す向きとは逆に流れる)$$

となる.

6.5 相反の定理

線形な回路網中の任意の枝路 A に起電力 V があるとき，他の任意の枝路 B に流れる電流は，同じ起電力 V を枝路 B に入れ換えたときの枝路 A に流れる電流に等しい.

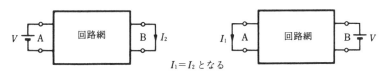

$$I_1 = I_2 となる$$

図6・24

この相反の定理（reciprocity theorem）が成り立つことを証明してみよう.

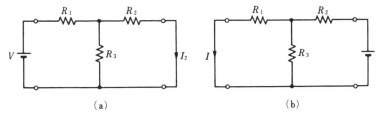

（a）　　　　　　　　　（b）

図6・25

図6・25（a）において I_2 を求めると

$$I_2 = \frac{V}{R_1 + \dfrac{R_2 R_3}{R_2 + R_3}} \cdot \frac{R_3}{R_2 + R_3}$$

$$= \frac{R_3 V}{R_1 R_2 + R_2 R_3 + R_3 R_1} \qquad ①$$

図（b）より I_1 を求めると

$$I_1 = \frac{V}{R_2 + \dfrac{R_1 R_3}{R_1 + R_3}} \cdot \frac{R_3}{R_1 + R_3}$$

$$= \frac{R_3 V}{R_1 R_2 + R_2 R_3 + R_3 R_1} \qquad ②$$

となり，式①，②より

$$I_1 = I_2$$

であることがわかる．

6章　演習問題

1　図6・26に示す回路の3.6〔Ω〕に流れる電流を鳳－テブナンの定理を用いて求めよ．

2　図6・27のブリッジ回路において1〔Ω〕の抵抗に流れる電流を鳳－テブナンの定理により求めよ．

3　図6・28に示す回路の20〔Ω〕に流れる電流をノートンの定理を用いて求めよ．

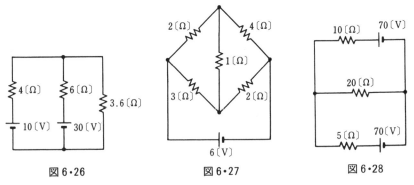

図6・26　　　　　　　　図6・27　　　　　　　図6・28

4　図6・29に示す回路を等価電圧源および等価電流源に置き換えよ．

5　図6・30に示す回路の端子電圧を帆足－ミルマンの定理を用いて求めよ．

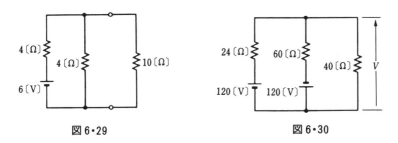

図 6・29   図 6・30

6 図6・31に示す回路の R_3 に流れる電流をテブナンの定理を用いて求めよ．ただし，V_1 = 60〔V〕，V_2 = 120〔V〕，R_1 = 20〔Ω〕，R_2 = 30〔Ω〕，R_3 = 20〔Ω〕とする．

7 図6・32に示すように，乾電池3個を並列に接続した場合の端子電圧 V と内部抵抗 R を求めよ．ただし，起電力は1.5〔V〕，内部抵抗をそれぞれ0.5〔Ω〕，1〔Ω〕，2〔Ω〕とする．

8 図6・33に示す回路において，スイッチSを開いたときその端子電圧は V_0 であるという．Sを閉じたとき R_5 に流れる電流を求めよ．

9 図6・34に示すトランジスタ回路を，等価電圧源に置き換えたバイアス回路を示せ．

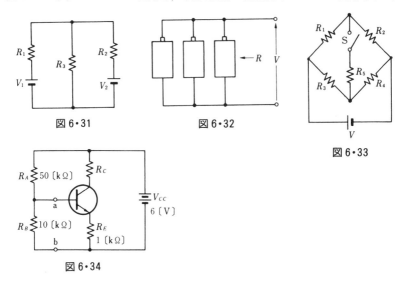

図 6・31   図 6・32

図 6・33

図 6・34

7 章　Y-△変換

　この変換公式を知っていれば，複雑な回路でも単純化できるし，オームの法則だけで回路を解析できる場合が多く，非常に便利である．

7.1　△接続からY接続への変換*

　図7・1の（a）に示すように，△接続の3辺の抵抗 r_a，r_b，r_c が与えられているとき，これと等価な（b）のようなY接続の3抵抗 R_a，R_b，R_c を求める．

　（a）回路と（b）回路が**等価である**ということは，ab 端子

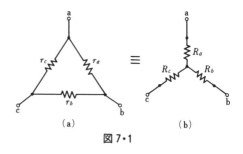

図7・1

間に電圧 V_{ab} を加えたとき流れる電流が，両者等しいということである．すなわち，ab 間の合成抵抗が両者等しいということである．このことは，他の端子，bc 間，ca 間についてもいえることである．

　ab 間の合成抵抗を求める．

　（b）回路においては

$$R_{ab} = R_a + R_b$$

　（a）回路においては

$$r_{ab} = \frac{r_a(r_b + r_c)}{r_a + r_b + r_c}$$

したがって

$$R_a + R_b = \frac{r_a(r_b + r_c)}{r_a + r_b + r_c} \qquad ①$$

同様にして，bc 間，ca 間では

---

*　△（delta，デルタ），Y（star，スター）と読む．

$$R_b + R_c = \frac{r_b(r_a + r_c)}{r_a + r_b + r_c} \qquad ②$$

$$R_c + R_a = \frac{r_c(r_a + r_b)}{r_a + r_b + r_c} \qquad ③$$

となる．式①，②，③の辺々を加えて2で割れば

$$R_a + R_b + R_c = \frac{r_a r_b + r_b r_c + r_c r_a}{r_a + r_b + r_c} \qquad ④$$

となる．

式④−式②を求めると

$$R_a = \frac{r_c r_a}{r_a + r_b + r_c} \qquad ⑤$$

式④−式③を求めると

$$R_b = \frac{r_a r_b}{r_a + r_b + r_c} \qquad ⑥$$

式④−式①を求めると

$$R_c = \frac{r_b r_c}{r_a + r_b + r_c} \qquad ⑦$$

という関係式が得られる．

△接続の3辺の抵抗が等しい場合，式⑤〜⑦より

$$r_a = r_b = r_c = r$$
$$R_a = R_b = R_c = \frac{r}{3} \qquad ⑧$$

◉△→Yの公式の覚え方

Y接続の一端子の抵抗は，△接続のその端子をはさむ2つの抵抗の積を3辺の抵抗の和で割ったものである．

$$R_a = \frac{R_a \text{ の両わきの積}}{\triangle \text{ の3つの抵抗の和}}$$

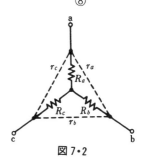

図7・2

7.2 Y接続から△接続への変換

式⑤〜⑦より

$$\frac{R_a}{R_b} = \frac{r_c}{r_b}, \quad \frac{R_b}{R_c} = \frac{r_a}{r_c}, \quad \frac{R_c}{R_a} = \frac{r_b}{r_a}$$

$$\therefore r_b = \frac{R_b}{R_a} r_c, \quad r_c = \frac{R_c}{R_b} r_a, \quad r_a = \frac{R_a}{R_c} r_b$$

これらを式⑤に代入して

$$R_a = \frac{r_c r_a}{\left\{1 + \dfrac{r_b}{r_a} + \dfrac{r_c}{r_a}\right\} r_a} = \frac{\dfrac{R_c}{R_b} r_a^2}{\left\{1 + \dfrac{R_c}{R_a} + \dfrac{R_c}{R_b}\right\} r_a}$$

$$= \frac{R_c R_a r_a}{R_a R_b + R_b R_c + R_c R_a}$$

$$\therefore r_a = \frac{R_a R_b + R_b R_c + R_c R_a}{R_c}$$

同様にして

$$r_b = \frac{R_a R_b + R_b R_c + R_c R_a}{R_a}$$

$$r_c = \frac{R_a R_b + R_b R_c + R_c R_a}{R_b}$$

という関係式が得られる.

Y接続の3つの抵抗が等しい場合には，上式より

$$R_a = R_b = R_c = R$$
$$r_a = r_b = r_c = 3R$$

● Y→Δの公式の覚え方

Δ接続の一辺の抵抗は，Y接続の3つの抵抗中の2つずつの積の和をその辺の相手側のY接続の抵抗で割ったものである.

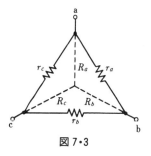

図7・3

$$r_a = \frac{2つの抵抗同士の積の和}{r_a \,の辺に対する抵抗\, R_c}$$

例題7·1　図7·4に示すブリッジにおいて，もし

$$\frac{P}{Q} = \frac{p}{q}$$

という関係を満足していれば，
このブリッジの平衡条件は

$$x = \frac{Q}{P} R$$

となることを証明せよ．

G：検流計
R：基準用低抵抗
x：被測定抵抗
r：リード線の抵抗＋接触抵抗
$\left.\begin{array}{l} P , Q \\ p , q \end{array}\right\}$ 2組の比例辺抵抗（高抵抗）

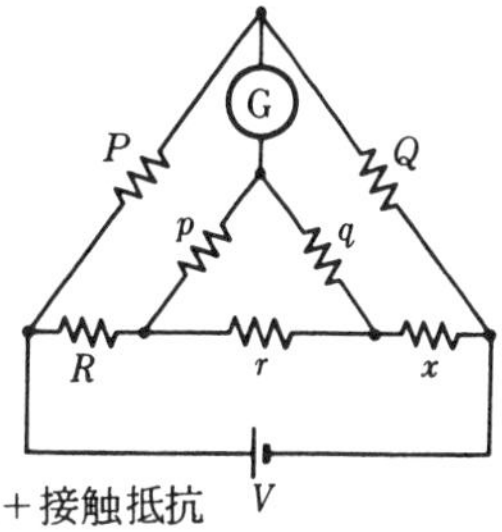

図7·4

解説　Δ→Yの変換公式を用いて，Δ接続をY接続に変換すれば図7·5のようになる．
ただし

$$u = \frac{pq}{p + q + r}, \qquad v = \frac{pr}{p + q + r}, \qquad w = \frac{qr}{p + q + r}$$

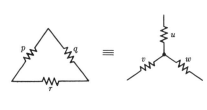

(a)　　　(b)

図7·5

ブリッジは相対する辺の積が等しい場合に平衡するのであるから

$$P(x + w) = Q(R+ v), \qquad Px + Pw = QR+ Qv$$

$$\therefore \quad x = \frac{QR}{P} + \left\{ \frac{Qv - Pw}{P} \right\} = \frac{QR}{P} + p \left\{ \frac{Q}{P} - \frac{q}{p} \right\} \frac{r}{p + q + r}$$

題意より

$$\frac{Q}{P} = \frac{q}{p}$$

であるから

$$x = \frac{Q}{P} R$$

となる.

　このブリッジは**ケルビンのダブルブリッジ**と呼ばれ，測定値 x にリード線の抵抗分や接触抵抗が含まれないので，低抵抗の測定に用いられる.

7章 演習問題

1 図 7・6 に示す Δ 形回路を Y 形回路に変換せよ.

2 図 7・7 に示す Y 形回路を Δ 形回路に変換せよ.

3 図 7・8 に示す回路の ab 端から見た合成抵抗を求めよ.

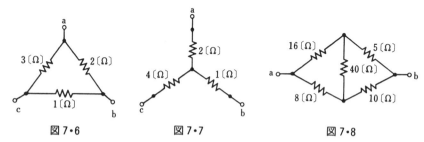

図 7・6　　　　図 7・7　　　　図 7・8

4 図 7・9 に示す π 形回路を T 形回路に変換せよ.

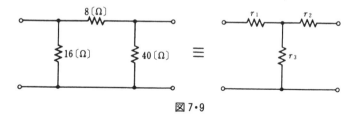

図 7・9

5 図 7・10 に示す回路の Y 形回路を Δ 形回路に変換してから各枝路に流れる電流を求めよ.

6 図 7・11 に示す回路を T 形回路に変換せよ.

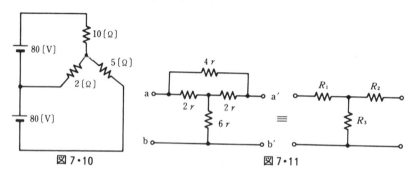

図 7・10　　　　図 7・11

第Ⅱ編　交流回路

いままで扱ってきた電圧や電流は，大きさも方向も時間的に変化しない直流といわれるものであった．しかし，実際に用いられるものは，むしろ時間的に大きさとその方向が変化する交流である．直流では電力の伝送はできても，情報を伝送したり処理することはできない．

交流のなかでも基本となるのは，振幅が正弦的または余弦波的に変化する**正弦波**（sine wave または sinusoidal wave）**交流**である．本編では，この正弦波交流の基本的な性質について述べる．

$\mathbf{8}$ 章 正 弦 波 交 流

8.1 正弦波交流の発生

ファラデーの電磁誘導の法則によれば，回路と鎖交している磁束が変化するか，またはその回路をつくっている導体が磁束を切ると，その回路に起電力が誘導される．この誘導起電力 v は

$$v = - \frac{d\Phi}{dt}$$

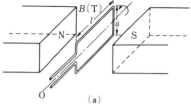

ただし，Φ は鎖交磁束である．また，上式の－（マイナス）の符号は，「誘導起電力の向きは磁束の変化をつねに妨げようとする向きに発生する」という意味である．

図 8・1 に示すように，磁束密度 B〔T〕なる平等磁界中で，長さ l〔m〕の枠形導体が，O 点を軸として一定速度 V〔m/s〕で円運動している場合の起電力について考えてみよう．

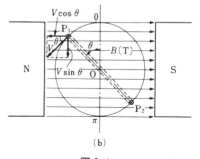

図 8・1

速度 V を図（b）のように磁束と垂直な成分と平行な成分にベクトル分解する．長さ l の導体が $\varDelta t$ 秒間に切る磁束 $\varDelta\Phi$ は

$$\varDelta\Phi = Bl\varDelta t\, V \sin\theta$$

したがって，導体に誘起する起電力の大きさ v は

$$v = \frac{d\Phi}{dt} = Bl\, V \sin\theta \quad 〔V〕 \tag{8・1}$$

また，起電力の方向は，**フレミングの右手の法則**で与えられ，P_1 の点では◉の方

向で, P_2 の点では$\otimes$の方向となる. したがって, 枠形導体に誘起する起電力 v は

$$v = 2BlV\sin\theta$$

となる. B, l, V は, 磁束密度, 枠形導体の寸法, 枠形導体の回転速度で, 時間について一定値と考えられるから

$$2BlV = V_m \quad (最大値)$$

とおくと

$$v = V_m \sin\theta \ \text{〔V〕} \tag{8・2}$$

で表わされる. これをグラフに描くと**図8・2**に示すようになる.

角度 θ は時間とともに変化するので, v もまた時間とともに正弦的に変わる. このように, 時間とともに正弦的に変化する波形を正弦波という.

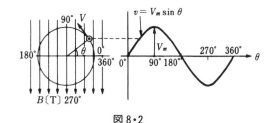

図8・2

以上電圧について述べたが, 電流についても最大値を I_m とすれば

$$i = I_m \sin\theta \ \text{〔A〕} \tag{8・3}$$

と表わせる.

以上のように, 大きさとその方向が時間とともに変化し, しかも, その変化が繰り返し起きるような電圧や電流を総称して**交流**(alternating current, 略してAC)といい, 正弦波的に変化する交流を正弦波交流という.

8.2 周波数と周期

図8・3において, 枠形導体が1回転して波形が完全に変化して初めの状態にもどり, これを次々と繰り返すのであるが, この交流の1回の変化を**1サイクル**(cycle)という.

1サイクルに要する時間を**周期**(period)といい, 記号に T (単位は秒〔s〕)を用いる. また, 1秒間におけるサイクル数を**周波数**(frequency)といい, 記号に f を用いる. 単位は

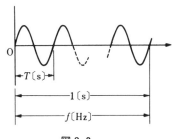

図8・3

実用単位 〔Hz〕 （ヘルツと読む）

物理単位 〔c/s〕 （cycle/秒）

である．したがって，周波数 f と周期 T の間にはつぎの関係がある．

$$T = \frac{1}{f} \ 〔s〕$$

または

$$f = \frac{1}{T} \ 〔Hz〕 \tag{8・4}$$

8.3 角 周 波 数

枠形導体が**図8・4**に示すように一定速度 V 〔m/s〕で円運動しているとき，t 秒間で角度 θ〔rad〕の変化があったとすれば，単位時間に角度の変化する速度 ω は

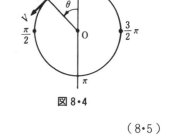

図 8・4

$$\omega = \frac{\text{角度変化分}}{\text{変化に要した時間}}$$

$$= \frac{\theta}{t} \ 〔rad/s〕$$

$$\therefore \theta = \omega t \tag{8・5}$$

となる．したがって，ω の値は

$$\omega = \frac{\text{1周の角度}2\pi\,〔rad〕}{\text{1周に要する時間}\,T〔s〕} = \frac{2\pi}{T} = 2\pi f \ 〔rad/s〕 \tag{8・6}$$

と表わせる．

この ω を**角速度**（angular velocity）または**角周波数**（angular frequency）という．式（8・2）を ω を用いて表わせば

$$v = V_m \sin\theta = V_m \sin\omega t = V_m \sin 2\pi f t$$

となる．

8.4 位相および位相差

正弦波交流は，つぎのような一般式で表わすことができる．

$$v = V_m \sin(\omega t + \theta) \tag{8・7}$$

式（8・7）において，v（**瞬時値**）の値は時刻 t が進むにつれて（$\omega t + \theta$）

の値とともに変化してゆく．この（$\omega t + \theta$）をその交流 v の時刻 t における**位相（角）**（phase angle）といい，時刻零における位相，すなわち θ を**初位相（角）**（initial phase angle）という．θ は単に位相（角）といわれることが多い．

$$v_0 = V_m \sin\omega t \qquad\qquad\qquad ①$$

$$v_1 = V_m \sin(\omega t + \theta) \qquad\qquad ②$$

$$v_2 = V_m \sin(\omega t - \theta) \qquad\qquad ③$$

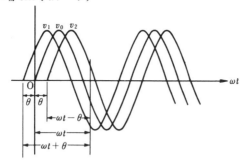

図 8・5

式①では，初位相（角）は 0，時刻 t における位相（角）は ωt

式②では，初位相（角）は θ，時刻 t における位相（角）は（$\omega t + \theta$）

式③では，初位相（角）は $-\theta$，時刻 t における位相（角）は（$\omega t - \theta$）

である．v_1 は v_0 より位相（角）が θ だけ進み，v_2 は v_0 より位相（角）が θ だけ遅れているという．

　図 8・6 のように 2 つの正弦波交流の位相が一致している場合，この 2 つの交流は**同相**（inphase）であるという．また，図 8・7 のように，2 つの正弦波交流の位相が一致しないような場合，この交流間には，**位相差（角）**（phase differ-

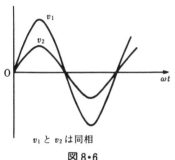

v_1 と v_2 は同相

図 8・6

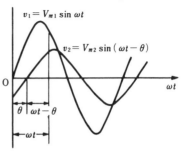

図 8・7

ence）があるという．v_1 は v_2 より θ だけ位相が進み，v_2 は v_1 より θ だけ位相が遅れている．v_1 と v_2 の間の位相差は θ である．周波数の異なる2つの正弦波交流の場合，位相差は時刻 t によって一定しないので考えることはできない．

以上を整理するとつぎのようになる．

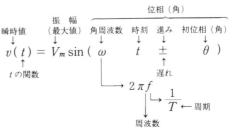

8.5　正弦波交流の大きさ

（1）　瞬時値 v（instantaneous value）

$$v(t) = V_m \sin(\omega t + \theta) \tag{8・8}$$

v は時刻 t を指定すると定まる値であって，時間の関数である．

（2）　振幅（amplitude）または最大値（maximum value）

瞬時値が最大を示すときの大きさを最大値といい，V_m で表わす．電流も同様にして表わす．

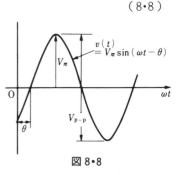

図 8・8

（3）　ピークツゥピーク値（peak to peak value）

瞬時値の正の最大値から負の最大値までの電位差をピークツゥピーク値といい，V_{p-p} で表わす．電流も同様にして I_{p-p} で表わす．

（4）　平均値（mean value または average value）

正弦波交流の平均値は，1周期間の平均値ではなく，交流の

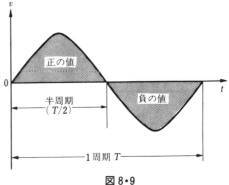

図 8・9

正または負の半周期間の平均値である．もし，1周期間の平均をとると，図8·9に示すように，正波と負波は同形であり，符号のみが異なるので打ち消しあって零となる．

図8·10に示すように，正弦波の半周期の面積を求め，半周期で割れば平均値は求められる．記号は大文字に *av* の添字を付けて表示する．

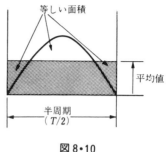

等しい面積

平均値

半周期
$(T/2)$

図8·10

$$平均値 = \frac{半周期の面積}{半周期\ T/2\,(=\pi)}$$

正弦波交流を

$$i = I_m \sin\omega t = I_m \sin\theta \tag{8·9}$$

とすると，平均値 I_{av} は

$$I_{av} = \frac{半周期の面積}{半\ \ 周\ \ 期} = \frac{\int_0^\pi I_m \sin\theta d\theta}{\pi} = \frac{I_m}{\pi}\int_0^\pi \sin\theta\, d\theta$$

$$= \frac{I_m}{\pi}\Bigl[-\cos\theta\Bigr]_0^\pi = \frac{2}{\pi}I_m \fallingdotseq 0.637\,I_m \ \ 〔A〕 \tag{8·10}$$

$$平均値 = \frac{2}{\pi}\times 最大値 \fallingdotseq 0.637 \times 最大値 \tag{8·11}$$

ということになる．電圧についても同様である．

例題 8·1　正弦波交流 $i = 100\sin(100\pi t)$ の平均値を求めよ．

解説　式（8·10）を用いて

$$I_{av} = \frac{2}{\pi}I_m = \frac{2}{\pi}\times 100 \fallingdotseq 63.7 \ \ 〔A〕$$

をうる．

例題 8·2　図8·11に示す正弦波の半波整流波の平均値を求めよ．

解説　半波整流波の平均値であるから，1周期の平均値を求める必要がある．

$$I_{av} = \frac{1}{2\pi}\int_0^\pi I_m \sin\theta\, d\theta$$

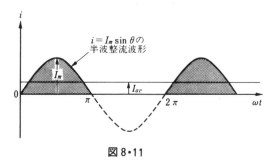

図 8・11

$$= \frac{1}{2\pi}\Big[-\cos\theta\Big]_0^\pi = \frac{1}{\pi}I_m \quad \text{〔A〕}$$

となる.

(5) 実効値 (effective value または root mean square value)

「交流の実効値は，その交流と同じ熱効果を発揮する直流の大きさで表わす.」

　記号は大文字に e または rms の添字を付けて表示する.

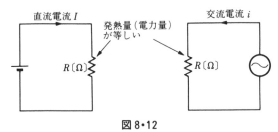

直流電流 I　　　発熱量（電力量）　　　交流電流 i
　　　　　　　　　が等しい

R〔Ω〕　　　　R〔Ω〕

図 8・12

いま，瞬時値が

$$i = I_m \sin \omega t = I_m \sin \theta \quad \text{〔A〕}$$

の交流を抵抗 R〔Ω〕に流したとすれば，各瞬間に $i^2 R$〔W〕の電力が消費される.
したがって， 1 サイクルの間の平均電力を P_{ac} とすれば

$$P_{ac} = i^2 R \text{ の 1 周期間の平均}$$

$$=（\, i^2 \text{ の 1 周期間の平均}）\times R \tag{8・12}$$

一方，この抵抗 R〔Ω〕に直流 I〔A〕を流したときの電力を P_{dc} とすれば

$$P_{dc} = I^2 R \tag{8・13}$$

　したがって，交流と直流が全く同じ熱効果を発揮したとすれば，式（8・12），
（8・13）より

$$P_{dc} = P_{ac} \qquad \therefore\ I^2 R =（\, i^2 \text{ の 1 周期間の平均}）\times R$$

$$\therefore \quad I = \sqrt{\overline{i^2 \text{ の 1 周期間の平均}}} \tag{8・14}$$

この I〔A〕の値を交流 i の実効値と定義する．すなわち，実効値とは「交流の瞬時値の2乗の1サイクル間における平均の**平方根**（root mean square value，略して rms ）である．」

正弦波交流を

$$i = I_m \sin \omega t = I_m \sin \theta$$

とすると，実効値 I_{rms} は

$$I_{rms} = \sqrt{\overline{i^2 \text{ の 1 周期の平均}}} = \sqrt{\frac{1}{2\pi}\int_0^{2\pi} I_m^2 \sin^2\theta \, d\theta}$$

$$= \sqrt{\frac{I_m^2}{2\pi}\int_0^{2\pi}\frac{1}{2}(1 - \cos 2\theta)d\theta} = \sqrt{\frac{I_m^2}{4\pi}\left[\theta - \frac{\sin 2\theta}{2}\right]_0^{2\pi}} = \sqrt{\frac{I_m^2}{2}}$$

$$= \frac{I_m}{\sqrt{2}} \fallingdotseq 0.707 I_m \text{〔A〕} \tag{8・15}$$

となる．

すなわち，正弦波交流の実効値は

$$\text{実効値} = \frac{1}{\sqrt{2}} \times \text{最大値} \fallingdotseq 0.707 \times \text{最大値} \tag{8・16}$$

ということになる．電圧についても同様である．

交流の大きさを表わすのに，実効値表示が実用面から便利であり，よく用いられる．したがって特にことわりのない場合，交流の大きさといえば実効値を意味している．また，一般に交流の電圧計，電流計はほとんど実効値指示形である．

瞬時値の大きさを表わすのに実効値を用いて

$$I_{rms} = \frac{1}{\sqrt{2}} I_m \quad \text{より} \quad I_m = \sqrt{2} I_{rms}$$

$$i = I_m \sin(\omega t + \theta) = \sqrt{2} I_{rms} \sin(\omega t + \theta) \tag{8・17}$$

と表わす．

例題 8・3 正弦波交流 $i = 100 \sin(100\pi t)$ の実効値を求めよ．

解説　式（8・15）を用いて

$$I_{rms} = \frac{1}{\sqrt{2}} I_m = \frac{1}{\sqrt{2}} \times 100 = 70.7 \text{〔A〕}$$

例題 8・4　図 8・13 に示す半波整流波の実効値を求めよ．

解説　半波整流形であるから

$$I_{rms} = \sqrt{\frac{1}{2\pi} \int_0^\pi i^2 d\theta}$$

$$= \sqrt{\frac{I_m^2}{2\pi} \int_0^\pi \sin^2\theta\, d\theta}$$

$$= \sqrt{\frac{I_m^2}{2\pi} \frac{\pi}{2}}$$

$$= \frac{I_m}{2} \text{〔A〕}$$

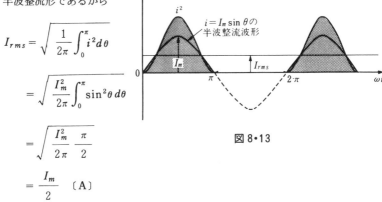

図 8・13

となる．

8章　演習問題

1　瞬時値の式

$$v = 100\sin(100\pi t + \theta)$$

この式で表わされる最大値 V_m，周波数 f，周期 T を求めよ．

2　つぎのような周期をもつ周波数を求めよ．

(1)　0.02〔s〕　(2)　0.1〔μs〕　(3)　1〔μs〕

3　つぎの正弦波 v_1 と v_2 の位相差を求めよ．

(1)　$v_1 = 100\sin\left(100\pi t + \dfrac{\pi}{3}\right)$

　　$v_2 = 50\sin\left(100\pi t - \dfrac{\pi}{6}\right)$

(2)　$v_1 = 100\sin\left(314t + \dfrac{\pi}{6}\right)$

$$v_2 = 50 \sin \left(314t - \frac{\pi}{4} \right)$$

4　つぎの瞬時値の式で，$\omega t = \pi / 4$〔rad〕のときの値を求めよ.

(1)　$v = 100 \sin \left(\omega t + \frac{\pi}{3} \right)$

(2)　$v = 50 \sin \left(\omega t - \frac{\pi}{6} \right)$

5　図 8·14 に示すような波形の瞬時値の式を求めよ.

6　最大値が 1〔A〕である正弦波交流の平均値と実効値を求めよ.

7　瞬時値 $v = 50 \sin (100 \pi t + \theta)$ の最大値，平均値，実効値を求めよ.

8　図 8·15 に示すような波形の交流電流がある.

(1)　瞬時値を表わす式を求めよ.

(2)　最大値 I_m を求めよ.

(3)　ピークツゥピーク $I_{\text{p-p}}$ を求めよ.

(4)　平均値 I_{av} を求めよ.

(5)　実効値 I_{rms} を求めよ.

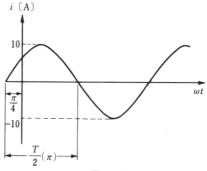

図 8·14　　　　　図 8·15

9　$i = I_m \sin \theta$ の両波整流波の実効値を求めよ.

10　$v = 100 \sin \left(100 t + \frac{\pi}{6} \right)$ で表わされる電圧の平均値を定義式を用いて計算せよ.

11　$v = 100 \sin \left(100 t - \frac{\pi}{6} \right)$ で表わされる電圧の実効値を定義式を用いて計算せよ.

9章　交流回路の解き方

9.1　抵 抗 回 路

　図 9•1 に示すように，抵抗 R〔Ω〕に正弦波交流電圧 $v(t) = V_m \sin \omega t$〔V〕を加えたとき流れる電流 i は，直流回路で学んだオームの法則が成立し

$$電流\ i(t) = \frac{電圧\ v(t)}{抵抗\ R} = \frac{V_m}{R} \sin \omega t = I_m \sin \omega t \qquad (9•1)$$

　ただし，I_m は電流の最大値で

$$I_m = \frac{V_m}{R}$$

となる．すなわち，図 9•2 に示すように，抵抗回路に加えた電圧 v と流れる電流 i は同相となる．

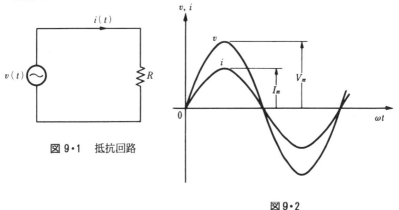

図 9•1　抵抗回路

図9•2

　例題 9•1　図 9•3 に示す抵抗 $R = 10$〔Ω〕の回路に，電圧 $v = \sqrt{2}\,100 \sin 100\pi t$ の電圧を加えたとき，回路に流れる電流の瞬間値の式を求めよ．

解説　式（9•1）を用いて

$$i(t) = \frac{v(t)}{R} = \frac{\sqrt{2}\,100}{10} \sin 100\pi t$$

$$= \sqrt{2}\,10\sin 100\pi t \quad \text{〔A〕}$$

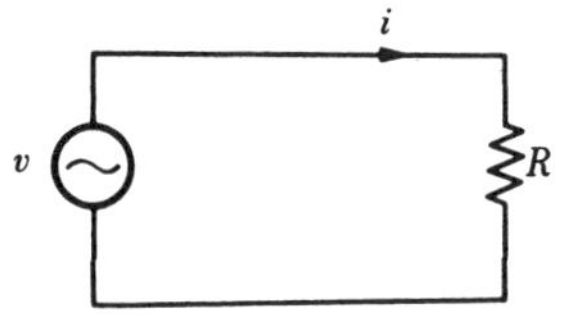

$R = 10\,\text{〔}\Omega\text{〕}$
$v = \sqrt{2}\,100 \sin 100\pi t$
図9·3

9.2 インダクタンス回路

図 **9·4** に示すように，インダクタンス L〔H〕*
に正弦波交流電圧 $v(t) = V_m \sin \omega t$〔V〕を加え
たとき，インダクタンス L に流れる電流 i につい
て考える．インダクタンス L に電流 i が流れると，
インダクタンスには自己誘導起電力が発生する．
その起電力 v_L の大きさは

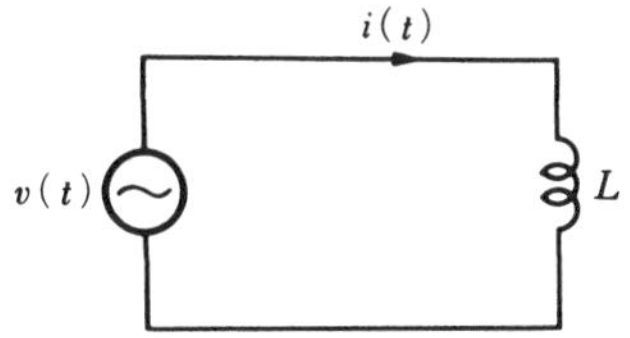

図9·4 インダクタンス回路

$$v_L = L\frac{di}{dt} \quad \text{〔V〕} \tag{9·2}$$

であるから，キルヒホッフの電圧の法則によって

$$v = v_L = L\frac{di}{dt}$$

でなければならない．式（9·2）を積分して

$$i = \int \frac{v}{L}dt$$

$$= \int \frac{V_m}{L}\sin \omega t\, dt = -\frac{V_m}{\omega L}\cos \omega t$$

$$= \frac{V_m}{\omega L}\sin\left(\omega t - \frac{\pi}{2}\right) \quad \text{〔A〕} \tag{9·3}$$

ここで

$$I_m = \frac{V_m}{\omega L} \tag{9·4}$$

とおくと

$$i = I_m \sin\left(\omega t - \frac{\pi}{2}\right) \quad \text{〔A〕} \tag{9·5}$$

---

* コイル（coil）またはインダクタ（inductor）の記号は L を用いる．単位はヘンリー
〔H〕である．

となる．すなわち**図9・5**に示す
ように，インダクタンス L を流
れる電流 i は，加えた電圧 v の
位相より $\pi/2$ 遅れることになる．

式（9・4）より

電流の最大値 I_m

$$= \frac{電圧の最大値\ V_m}{\omega L}$$

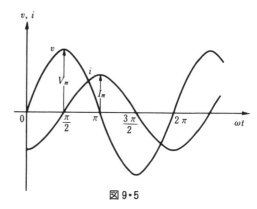

図9・5

であり，分母の ωL が大きいほ
ど電流は小さくなる．ωL は交流の電流を妨げる作用をしていることがわかる．
このようなコイルの作用を**誘導リアクタンス**（inductive reactance）という．記
号は X_L を用いる．したがって

$$X_L = \omega L = 2\pi fL$$

$$I_m = \frac{V_m}{X_L} \qquad \therefore\ i = \frac{V_m}{X_L} \sin\left(\omega t - \frac{\pi}{2}\right) \tag{9・6}$$

と表わせる．また

$$X_L = \frac{V_m}{I_m} \quad \left(= \frac{電圧}{電流}\right)$$

であるから，X_L の単位は抵抗と同じオーム〔Ω〕を用いる．

例題9・2 **図9・6**に示すコイルに $v = \sqrt{2}\,100$
$\sin 100t$ の電圧を加えたとき，回路に流れる電
流の瞬時値の式を求めよ．ただし，インダクタ
ンスを0.1〔H〕とする．

図9・6

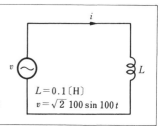

$L = 0.1〔H〕$
$v = \sqrt{2}\,100 \sin 100t$

解説 $X_L = \omega L = 100 \times 0.1 = 10〔\Omega〕$

式（9・6）を用いて

$$i = \frac{V_m}{X_L} \sin\left(\omega t - \frac{\pi}{2}\right)$$

$$= \frac{\sqrt{2}\,100}{10} \sin\left(100t - \frac{\pi}{2}\right) = \sqrt{2}\,10 \sin\left(100t - \frac{\pi}{2}\right)〔A〕$$

9.3 コンデンサ回路

図9・7に示すように，コンデンサ C*〔F〕に正弦波交流電圧 $v(t)=V_m\sin\omega t$ 〔V〕を加えたとき，コンデンサ C に流れる電流 i について考える。

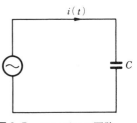

図9・7 コンデンサ回路

コンデンサ C にたくわえられる電荷を Q〔C〕とすると，コンデンサの端子電圧 $v(t)$ と静電容量 C〔F〕との間には次式が成立する。

$$Q = Cv(t) \quad 〔C〕 \tag{9・7}$$

この場合，流れる電流 $i(t)$ はこの電荷 Q の時間的変化であるから，

$$i = \frac{dQ}{dt} = C\frac{dv}{dt} = C\frac{d}{dt}V_m\sin\omega t$$

$$= \omega CV_m\cos\omega t = \omega CV_m\sin\left(\omega t + \frac{\pi}{2}\right) \tag{9・8}$$

ここで

$$I_m = \omega CV_m \tag{9・9}$$

とおくと

$$i = I_m\sin\left(\omega t + \frac{\pi}{2}\right) \quad 〔A〕 \tag{9・10}$$

となる。すなわち，図9・8に示すように，コンデンサ C を流れる電流 i は，加えた電圧 v の位相より $\pi/2$ 進むことになる。

式（9・9）より

$$電流の最大値\ I_m = \frac{電圧の最大値\ V_m}{1/\omega C}$$

であり，分母の $1/\omega C$ が大きいほど電流は小さくなる。$1/\omega C$ は交流の電流を妨げる作用をしていることがわかる。このようなコンデンサの電流を妨げる作用を**容量リアクタンス**（capacitive reactance）という。記号は X_c を用いる。したがって

$$X_c = \frac{1}{\omega C} = \frac{1}{2\pi fC}$$

---

* コンデンサ（condenser）またはキャパシタ（capacitor）の記号は C を用いる。単位はファラド〔F〕である。

$$I_m = \frac{V_m}{X_c}$$

$$\therefore \ i = \frac{V_m}{X_c} \sin\left(\omega t + \frac{\pi}{2}\right)$$

（9・11）

と表わせる．また

$$X_c = \frac{V_m}{I_m} \ \left(= \frac{\text{電圧}}{\text{電流}}\right)$$

であるから，X_c の単位は抵抗
と同じオーム〔Ω〕を用いる．

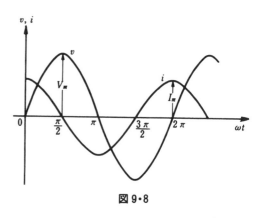

図9・8

例題9・3　図9・9に示すコンデンサに $v(t) = \sqrt{2}\,100 \sin 100t$ の電圧を加えたとき，回路に流れる電流の瞬時値の式を求めよ．ただし，静電容量を100〔μF〕とする．

解説　$X_c = \dfrac{1}{\omega C} = \dfrac{1}{100 \times 100 \times 10^{-6}} = 100 \,〔\Omega〕$

式（9・11）を用いて

$$
\begin{aligned}
i &= \frac{V_m}{X_c} \sin\left(\omega t + \frac{\pi}{2}\right) \\
&= \frac{\sqrt{2}\,100}{100} \sin\left(100t + \frac{\pi}{2}\right) \\
&= \sqrt{2} \sin\left(100t + \frac{\pi}{2}\right) \quad 〔\text{A}〕
\end{aligned}
$$

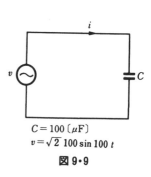

$C = 100 \,〔\mu\text{F}〕$
$v = \sqrt{2}\,100 \sin 100\,t$

図9・9

9.4　RL直列回路

　図9・10に示すように，RL の直列回路に，正弦波交流電圧 $v(t) = V_m \sin \omega t$ 〔V〕を加えたとき，回路に流れる電流 i について考える．

　$t = 0$ でスイッチ S を閉じると，キルヒホッフの電圧の法則により次式が成立する．

$$v_R + v_L = v$$

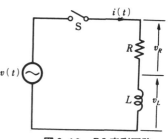

図9・10　RL直列回路

$$Ri + L \frac{di}{dt} = V_m \sin \omega t$$

これは1階の線形常微分方程式である.

この微分方程式を解くと

$$i = \frac{V_m}{\sqrt{R^2 + (\omega L)^2}} \left\{ \sin(\omega t - \theta) + \sin \theta \cdot e^{-Rt/L} \right\}$$

$$ただし, \theta = \tan^{-1} \frac{\omega L}{R}$$

ここで

$$I_m = \frac{V_m}{\sqrt{R^2 + (\omega L)^2}}$$

とおけば

$$i = I_m \left\{ \sin(\omega t - \theta) + \sin \theta \cdot e^{-Rt/L} \right\} \qquad (9 \cdot 12)$$

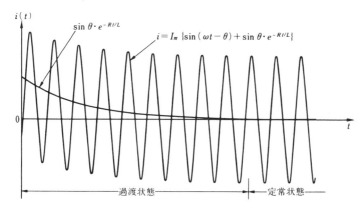

図9•11

となる.

この電流波形を図示すると,図9•11のようになる.

式(9•12)の第1項は**定常状態**を示す項で,第2項は**過渡状態**を示す項である.スイッチSを閉じた瞬間から定常の状態に落ち着くまでに過渡的な状態がある.実際にはこの過渡状態はごくわずかな時間で終り,定常な状態に落ち着く.

われわれが電気回路の解析の対象としているのは定常状態である.過渡状態を調べる解析を過渡現象解析とよんでいる.

9.5　*RC*直列回路

図9·12 に示すように，*RC*直列回路に正弦波交流電圧 $v(t)=V_m\sin\omega t$〔V〕を加えたとき，回路に流れる電流 *i* について考える．

$t=0$ でスイッチSを閉じると，キルヒホ
ッフの電圧の法則により次式が成立する．

$$v_R + v_C = v$$

$$Ri + \frac{1}{C}\int i\,dt = V_m\sin\omega t$$

両辺を微分すると

$$R\frac{di}{dt} + \frac{i}{C} = \omega V_m\cos\omega t$$

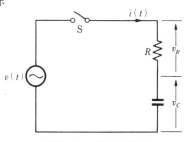

図9·12　*RC*直列回路

この微分方程式を解くと

$$i = \frac{V_m}{\sqrt{R^2 + (1/\omega C)^2}}\left\{\sin(\omega t + \theta) - \sin\theta\cdot e^{-t/CR}\right\}$$

$$ただし \quad \theta = \tan^{-1}\frac{1}{\omega CR}$$

ここで

$$I_m = \frac{V_m}{\sqrt{R^2 + (1/\omega C)^2}}$$

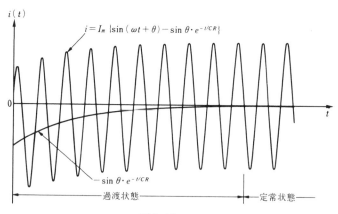

図9·13

とおけば

$$i = I_m \{\sin(\omega t + \theta) - \sin\theta \cdot e^{-t/CR}\} \qquad (9\cdot13)$$

となる.

この電流波形を図示すると,**図 9·13** のようになる.

式（9·13）の第1項は定常状態を示し,第2項は過渡状態を示す.

9.6 記号演算とは

これまで述べてきたように,ある回路に正弦波の電圧（または電流）を加えた場合,その回路に流れる電流または電圧を求めるには,キルヒホッフの法則に基づいて微・積分方程式をたて,これを解くことであった.しかし,微・積分方程式をたて本格的に解くのは,複雑で大変な作業である.このような本格的な方法によらなくても,実用的で簡単な方法が見いだされた.この方法が**記号演算**（symbolic method）である.

線形な回路で,電源が正弦波で,解析の対象が定常状態であれば,すでに理解してきたように,回路を流れる電流や電圧は正弦波となる.その振幅と位相差だけが重要である.このような場合,微・積分方程式をたてて,微分演算,積分演算をそれぞれ

$$\frac{d}{dt} \rightarrow j\omega$$

$$\int dt \rightarrow \frac{1}{j\omega}$$

に置き換え,微・積分方程式を複素数表示による代数方程式に帰着させて解くのがこの方法である.すなわち,「電圧や電流を複素数（ベクトル）で代表させて交流回路を解析する方法」が記号演算法である.

交流回路を計算するには,記号演算法によるか,微・積分方程式で本格的に解くかの二通りがある.厳密な解析を必要とする以外は前者の方が計算が非常に簡単である.

記号演算法は,A. E. Kennelly や C. P. Steinmetz らによって確立されたもので,これによって,回路理論の解析が簡単に行えるようになった.

9.7 複　素　数

　これから述べる記号演算法は，正弦関数（電圧および電流）を**複素数**（complex number）で代表させる計算法である．そこで，その準備として，複素数に関する計算について述べておく．

　(1)　複素数の表示

　a. 直交式　　a, b を実数とするとき

$$\dot{Z} = a + jb \tag{9・14}$$

を複素数という．ここに

$$j = \sqrt{-1}, \quad j^2 = -1 \tag{9・15}$$

を**虚数単位**という．数学では i という記号を用いるが，電気工学では電流の記号に i を用いるので，混同を避けるため習慣上 j を用いている．ここで a および b をそれぞれ複素数 $\dot{Z}$ の**実数部**(real part)，**虚数部**(imaginary part)といい

$$\left. \begin{array}{l} a = \mathrm{Re}\,\dot{Z} \\ b = \mathrm{Im}\,\dot{Z} \end{array} \right\} \tag{9・16}$$

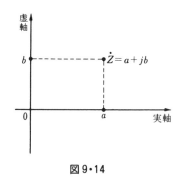

図9・14

と書く．$\dot{Z}$ は図9・14のように，横軸を実数，縦軸を虚数とする複素平面（ガウス平面）上で直角座標 (a, b) をもつ点によって表示される．式（9・14）を直交形式という．

　b. 三角関数形式　　　通常，図9・14は，始点（原点）と終点を矢印で結んで**図9・15**のように表わしている．同図において

$$\left. \begin{array}{l} |\dot{Z}| = \sqrt{a^2 + b^2} \\ \theta = \tan^{-1} \dfrac{b}{a} \end{array} \right\} \tag{9・17}$$

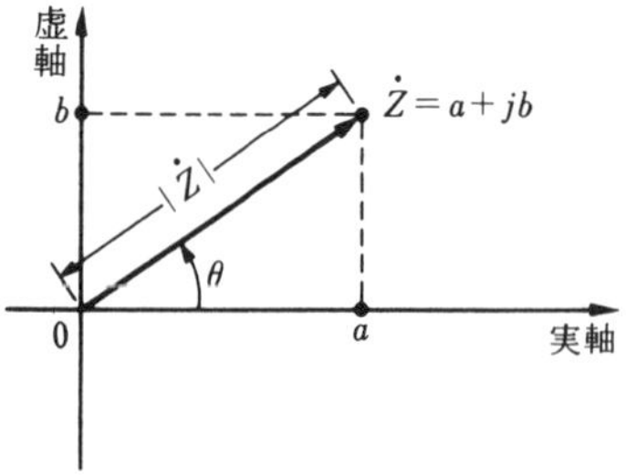

図9・15

とおくと

$$\sin\theta = \frac{b}{|\dot{Z}|}, \quad \cos\theta = \frac{a}{|\dot{Z}|} \tag{9・18}$$

であるから，複素数 $\dot{Z}$ は

$$\dot{Z} = a + jb$$
$$= |\dot{Z}|\cos\theta + j\,|\dot{Z}|\sin\theta$$
$$= |\dot{Z}|(\cos\theta + j\sin\theta) \tag{9・19}$$

と表わせる．ここに，$|\dot{Z}|$ を $\dot{Z}$ の大きさ，または**絶対値**（absolute value）といい，θ を $\dot{Z}$ の**偏角**（argument）という．偏角 θ を

$$\theta = \tan^{-1}\frac{b}{a} = \arg\dot{Z} \tag{9・20}$$

と書く．

式（9・19）を三角関数形式という．

c. 極座標形式（polar form）　大きさ $|\dot{Z}|$ と偏角 θ で表わす形式を極座標形式という．

$$\dot{Z} = |\dot{Z}|\angle\theta \tag{9・21}$$

d. 指数関数形式（exponential form）　式（9・19）を**オイラーの公式**

$$e^{\pm j\theta} = \cos\theta \pm j\sin\theta \tag{9・22}$$

を用いて

$$\dot{Z} = |\dot{Z}|(\cos\theta + j\sin\theta)$$
$$= |\dot{Z}|e^{j\theta} \tag{9・23}$$

と表わすことができる．

式（9・23）を指数関数形式という．

以上のような表示形式をみると，複素数 $\dot{Z}$ は大きさと方向をもつ量と考えられるので**ベクトル**（vector）と呼ばれているが，ベクトル解析における空間ベクトルとは異なるものである．近年これを区別するため**フェーザ***（phasor）という語を用いることもある．本書ではベクトルという語を用いることにする．

（2）複素数の演算

2つの複素数を

$$\dot{Z}_1 = x_1 + jy_1 = |\dot{Z}_1|e^{j\theta_1}$$
$$\dot{Z}_2 = x_2 + jy_2 = |\dot{Z}_2|e^{j\theta_2}$$

とし，$j^2 = -1$ とするとつぎのようになる．

---

* phasor …… 大きさ（振幅）と方向（位相）をもつベクトルに対応する．
　　　　phase + vector

a．複素数の加減算　複素数の実数部と虚数部をそれぞれ加減すればよい．

$$\dot{Z}_3 = \dot{Z}_1 \pm \dot{Z}_2$$
$$= (x_1 + jy_1) \pm (x_2 + jy_2)$$
$$= (x_1 \pm x_2) + j(y_1 \pm y_2) \qquad (9 \cdot 24)$$

これらの関係を図9・16に示す．

b．複素数の乗算

$$\dot{Z}_3 = \dot{Z}_1 \dot{Z}_2$$
$$= (x_1 + jy_1)(x_2 + jy_2)$$
$$= |\dot{Z}_1| e^{j\theta_1} |\dot{Z}_2| e^{j\theta_2}$$
$$= x_1 x_2 + j x_1 y_2 + j x_2 y_1 + j^2 y_1 y_2$$
$$= (x_1 x_2 - y_1 y_2) + j(x_1 y_2 + x_2 y_1)$$
$$= |\dot{Z}_1||\dot{Z}_2| e^{j(\theta_1 + \theta_2)} \qquad (9 \cdot 25)$$

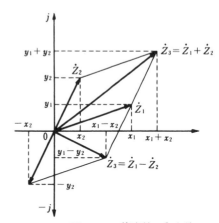

図9・16　複素数の和と差

ゆえに

$$|\dot{Z}_3| = |\dot{Z}_1 \dot{Z}_2| = |\dot{Z}_1||\dot{Z}_2|$$
$$\arg \dot{Z}_3 = \arg \dot{Z}_1 \dot{Z}_2 = \theta_1 + \theta_2$$

すなわち，2つの複素数の積は大きさを掛け合わせ，位相角を足し合わせればよい．

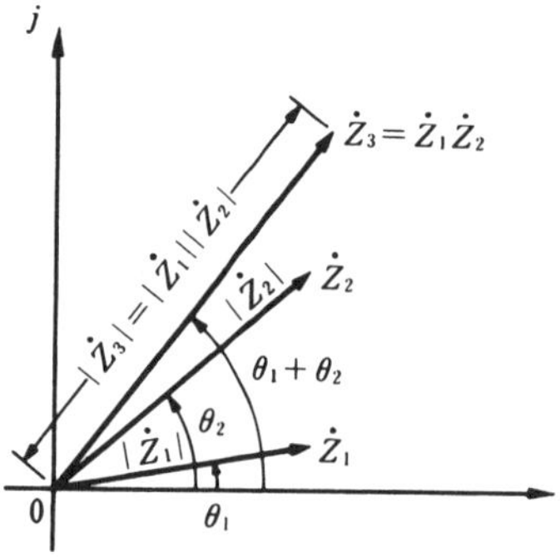

c．複素数の除算

$$\dot{Z}_3 = \frac{\dot{Z}_1}{\dot{Z}_2} = \frac{x_1 + jy_1}{x_2 + jy_2}$$

図9・17　複素数の乗算

$$= \frac{|\dot{Z}_1| e^{j\theta_1}}{|\dot{Z}_2| e^{j\theta_2}} = \frac{x_1 x_2 - j x_1 y_2 + j x_2 y_1 - j^2 y_1 y_2}{x_2^2 + y_2^2}$$
$$= \frac{x_1 x_2 + y_1 y_2}{x_2^2 + y_2^2} + j \frac{x_2 y_1 - x_1 y_2}{x_2^2 + y_2^2} = \frac{|\dot{Z}_1|}{|\dot{Z}_2|} e^{j(\theta_1 - \theta_2)}$$

$$(9 \cdot 26)$$

ゆえに

$$|\dot{Z}_3| = \left| \frac{\dot{Z}_1}{\dot{Z}_2} \right| = \frac{|\dot{Z}_1|}{|\dot{Z}_2|}$$

$$\arg \dot{Z}_3 = \arg \frac{\dot{Z}_1}{\dot{Z}_2} = \theta_1 - \theta_2$$

すなわち，$\dot{Z}_1$ を $\dot{Z}_2$ で割ることは，大き
さは $|\dot{Z}_1|$ を $|\dot{Z}_2|$ で割り，位相角は θ_2 だ
け引けばよい．

（3） 共役複素数

$$\dot{Z}_1 = x + jy = |\dot{Z}| e^{j\theta}$$

$$\dot{Z}_2 = x - jy = |\dot{Z}| e^{-j\theta}$$

これを互いに**共役複素数**（conjugate
complex number）といい

$$\dot{Z}_1 = \overline{\dot{Z}_2} \quad \text{または} \quad \dot{Z}_1 = \dot{Z}_2^{*}$$

$$(9 \cdot 27)$$

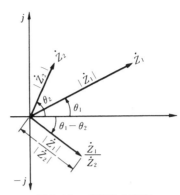

図 9・18 複素数の除算

という記号で表わす．共役複素数は図
9・19 に示すように，実軸に関して対称
な点で表わされる．

2 つの複素数を

$$\dot{Z}_1 = x_1 + jy_1 = |\dot{Z}_1| e^{j\theta_1}$$

$$\dot{Z}_2 = x_2 + jy_2 = |\dot{Z}_2| e^{j\theta_2}$$

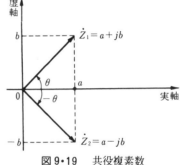

図 9・19 共役複素数

で表わし，それらの共役複素数をそれぞれ $\overline{\dot{Z}_1}$，$\overline{\dot{Z}_2}$ と書けば

（a） $\overline{(\dot{Z}_1 \pm \dot{Z}_2)} = \overline{\dot{Z}_1} \pm \overline{\dot{Z}_2}$ $\qquad (9 \cdot 28)$

（b） $\overline{\dot{Z}_1 \dot{Z}_2} = \overline{\dot{Z}_1} \overline{\dot{Z}_2}$ $\qquad (9 \cdot 29)$

$$\overline{\left(\frac{\dot{Z}_1}{\dot{Z}_2} \right)} = \frac{\overline{\dot{Z}_1}}{\overline{\dot{Z}_2}} \qquad (9 \cdot 30)$$

（c） $\dot{Z}_1 + \overline{\dot{Z}_1} = 2 x_1 = 2 \operatorname{Re} \dot{Z}_1$ $\qquad (9 \cdot 31)$

$\dot{Z}_1 - \overline{\dot{Z}_1} = 2 jy_1 = 2 \operatorname{Im} \dot{Z}_1$ $\qquad (9 \cdot 32)$

（d） $\dot{Z}_1 \overline{\dot{Z}_1} = |\dot{Z}_1| e^{j\theta} |\dot{Z}_1| e^{-j\theta} = |\dot{Z}_1|^2$ $\qquad (9 \cdot 33)$

となる．

（4） 単位ベクトル（単位フェーザ）

つぎに示す複素数

$$\dot{Z}_1 = \cos\theta \pm j\sin\theta = e^{\pm j\theta} = \pm\,1\angle\theta$$

は，**図9・20**に示すように単位長のベクトル（フェーザ）であるので，単位ベクトル（単位フェーザ）といわれる．

この $\dot{Z}_1$ を $\dot{Z}_2 = |\dot{Z}_2|e^{j\varphi}$ に掛けると

$$\dot{Z}_2 \times \dot{Z}_1 = |\dot{Z}_2|e^{j\varphi}e^{\pm j\theta} = |\dot{Z}_2|e^{j(\varphi\pm\theta)}$$

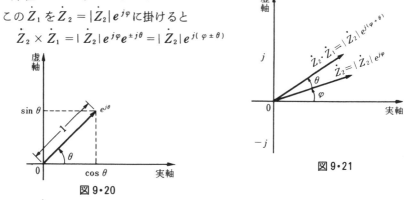

図9・20

図9・21

となり，$\dot{Z}_2$ の大きさを変えずに位相角を θ だけ反時計方向（時計方向）に回転するのみである．

$\dot{Z}_1 = e^{\pm j\frac{\pi}{2}} = \pm j$ の場合，$\dot{Z}_2 = |\dot{Z}_2|e^{j\varphi}$ に $\dot{Z}_1$ を掛けると

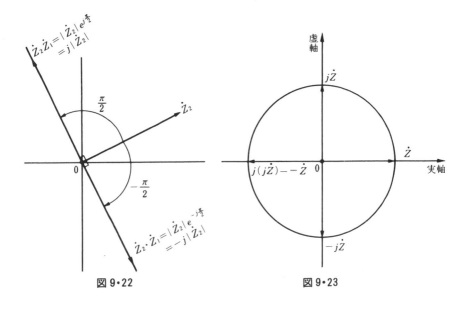

図9・22

図9・23

$$\dot{Z}_2 \times \dot{Z}_1 = |\dot{Z}_2| e^{j\varphi} e^{\pm j\frac{\pi}{2}} = |\dot{Z}_2| e^{j(\varphi \pm \pi/2)} = \pm j |\dot{Z}_2| e^{j\varphi}$$

となり，$\dot{Z}_2$ の大きさを変えずに $\pi/2$ だけ位相を進ませる（遅らせる）ことである．すなわち j はベクトルを $\pi/2$ だけ回転させる作用をもつ．

9.8 正弦関数の複素数表示

$\sin(\omega t + \theta)$ が $e^{j(\omega t + \theta)}$ の虚数部であることを利用して，正弦波電圧

$$v(t) = V_m \sin(\omega t + \theta) \tag{9・34}$$

の代りにつぎのような複素電圧（complex voltage）を用いて表わす．

$$\dot{V} = V_m e^{j(\omega t + \theta)} \tag{9・35}$$

同様にして，正弦波電流

$$i(t) = I_m \sin(\omega t + \varphi) \tag{9・36}$$

の代りに

$$\dot{I} = I_m e^{j(\omega t + \varphi)} \tag{9・37}$$

を用いて表わす．

このように，電圧，電流を複素数に置きかえれば，時間の世界の微分と積分が非常に簡単化され

$$\left.\begin{array}{l} \dfrac{d\dot{V}}{dt} = \dfrac{d}{dt} V_m e^{j(\omega t + \theta)} = j\omega V_m e^{j(\omega t + \theta)} = j\omega \dot{V} \\[3mm] \dfrac{d\dot{I}}{dt} = \dfrac{d}{dt} I_m e^{j(\omega t + \varphi)} = j\omega I_m e^{j(\omega t + \varphi)} = j\omega \dot{I} \end{array}\right\} \tag{9・38}$$

$$\left.\begin{array}{l} \displaystyle\int \dot{V} dt = \int V_m e^{j(\omega t + \theta)} dt = \dfrac{V_m}{j\omega} e^{j(\omega t + \theta)} = \dfrac{\dot{V}}{j\omega} \\[3mm] \displaystyle\int \dot{I} dt = \int I_m e^{j(\omega t + \varphi)} dt = \dfrac{I_m}{j\omega} e^{j(\omega t + \varphi)} = \dfrac{\dot{I}}{j\omega} \end{array}\right\} \tag{9・39}$$

と表わすことができる．すなわち，時間の世界の微分と積分は，記号の世界では

$$\left.\begin{array}{l} \text{微分記号} \quad \dfrac{d}{dt} \rightleftarrows j\omega \\[3mm] \text{積分記号} \displaystyle\int dt \rightleftarrows \dfrac{1}{j\omega} \end{array}\right. \tag{9・40}$$

に対応する．したがって式（9・40）の関係を微分方程式に代入すれば，複素数

の代数方程式となり，計算が簡単化される．

図9・24 に示す回路において

$$R\,i + L\,\frac{di}{dt} + \frac{1}{C}\int i\,dt = V_m \sin(\omega t + \theta)$$

なる微分方程式が成立する．この微分方程式に

$$v(t) \rightarrow \dot{V}$$

$$i(t) \rightarrow \dot{I}$$

$$\frac{d}{dt} \rightarrow j\omega$$

$$\int dt \rightarrow \frac{1}{j\omega}$$

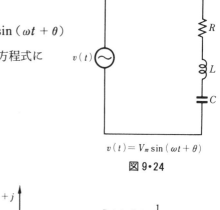

$$v(t) = V_m \sin(\omega t + \theta)$$

図 9・24

の関係を代入すると，つぎの
ような複素数の代数方程式と
なる．

$$\left(R + j\omega L + \frac{1}{j\omega C}\right)\dot{I} = \dot{V}$$

$$\therefore \quad \dot{I} = \frac{\dot{V}}{R + j\omega L + \frac{1}{j\omega C}}$$

（9・41）

上式の分母は，図9・25 の関
係を用いて

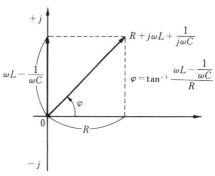

図 9・25

$$\dot{I} = \frac{\dot{V}}{\sqrt{R^2 + \left(\omega L - \dfrac{1}{\omega C}\right)^2}\,e^{j\varphi}} = \frac{V_m\,e^{j(\omega t + \theta - \varphi)}}{\sqrt{R^2 + \left(\omega L - \dfrac{1}{\omega C}\right)^2}}$$

（9・42）

となる．$v(t) = V_m \sin(\omega t + \theta)$ を $e^{j(\omega t + \theta)}$ の虚数部で代表させているのであ
るから，これに対応して求める瞬間電流 i は式（9・42）の虚数部をとればよい．し
たがって式（9・42）の瞬間電流 $i(t)$ は

$$i(t) = \frac{V_m}{\sqrt{R^2 + \left(\omega L - \dfrac{1}{\omega C}\right)^2}}\,\sin(\omega t + \theta - \varphi)$$

$$= I_m \sin(\omega t + \theta - \varphi)$$

（9・43）

ただし

$$I_m = \frac{V_m}{\sqrt{R^2 + \left(\omega L - \dfrac{1}{\omega C}\right)^2}}$$

となる.

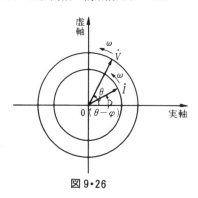

以上の結果をみると，電圧，電流が共通因子 $e^{j\omega t}$ を含んでいる．このことは，それらを表わすベクトルが同一速度で同一方向に回転していることを意味しており，相対関係には変化がないということである.

図 9·26

実際には，電圧と電流の位相関係をみれば十分であるので，$e^{j\omega t}$ を省いて複素電圧，複素電流を

$$\left.\begin{aligned}\dot{V} &= V_m\, e^{j\theta}\\[4pt]\dot{I} &= I_m\, e^{j(\theta-\varphi)}\end{aligned}\right\} \tag{9·44}$$

と表わして複素計算を行っても不都合を生じない．したがって，瞬時電流を求めるときには，$e^{j\omega t}$ なる因子を乗じた後に虚数部をとればよい.

さらに，時間の関数である電圧や電流の大きさ（絶対値）を表わすのに実効値を用いるので，複素電圧，複素電流の絶対値 $|\dot{V}|$, $|\dot{I}|$ を実効値に等しくしたものを考える．そこで，正弦波交流の電圧，電流と複素電圧，電流を互いに

$$v(t) = V_m \sin(\omega t + \theta) = \sqrt{2}\,\underset{\text{実効値}}{|\dot{V}|}\sin(\omega t + \theta) \rightleftarrows \dot{V} = \underset{\text{実効値}}{|\dot{V}|}e^{j\theta}$$

$$i(t) = I_m \sin(\omega t + \varphi) = \sqrt{2}\,\underset{\text{実効値}}{|\dot{I}|}\sin(\omega t + \varphi) \rightleftarrows \dot{I} = \underset{\text{実効値}}{|\dot{I}|}e^{j\varphi}$$

$$\tag{9·45}$$

と対応づけて取り扱う.

このように記号法は，「大きさが実効値に等しく，偏角が位相角に等しいベクトルで正弦波を表示し，微分方程式を代数計算する方法である」ということができる.

例題 9·4 つぎの正弦関数をベクトル表示せよ.

(i) $v(t) = \sqrt{2}\,100\sin(100\pi t + 30°)$ *

(ii) $i(t) = \sqrt{2}\,10\sin\left(100\pi t + \dfrac{\pi}{4}\right)$

---

* 位相角の 30° は普通ラジアン角で表わすのが正式であるが，便宜上，度とラジアンを混用する.

解説　(i)　$\underline{v(t)} = \sqrt{2}\ 100\sin(\ 100\pi t + 30°)$

　　　　　　　　　　　　実効値　　　　　位相角

　　　　　　$\dot{V} = 100e^{j30°}$

直角座標で表わすと

$$\dot{V} = 100e^{j30°} = 100\ (\cos 30° + j\sin 30°)$$

$$= 86.6 + j\ 50$$

(ii)　$\underline{i(t)} = \sqrt{2}\ 10\sin\left(100\pi t + \dfrac{\pi}{4} \right)$

　　　　　　　　　　実効値　　　　　　位相角

　　　　　　$\dot{I} = 10e^{j\pi/4}$

直角座標で表わすと

$$\dot{I} = 10e^{j\pi/4} = 10\ \left(\cos\dfrac{\pi}{4} + j\sin\dfrac{\pi}{4} \right)$$

$$= 7.07 + j\ 7.07$$

例題 9・5　つぎのベクトル表示の瞬時値を求めよ.

（ⅰ）　$\dot{V} = 10e^{-j30°}$

（ⅱ）　$\dot{I} = 3 + j\,4$

解説

（ⅰ）　$\dot{V} = 10e^{-j30°}$ 位相角

　　　　　　　実効値

　　　　$v(t) = \sqrt{2}\ 10\sin(\ \omega t - 30°)$

（ⅱ）　実効値は

$$|\dot{I}| = \sqrt{3^2 + 4^2} = 5$$

また, 位相角 θ は

$$\theta = \tan^{-1}\frac{4}{3} = 53.1°$$

$$\therefore\ \dot{I} = 3 + j\,4 = 5e^{j\theta}$$

$\dot{I} = 5e^{j\theta}$ 位相角

　　実効値

　　$i(t) = \sqrt{2}\ 5\sin(\ \omega t + \theta)$

（ただし, $\theta = 53.1°$ ）

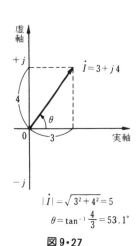

$|\dot{I}| = \sqrt{3^2 + 4^2} = 5$

$\theta = \tan^{-1}\dfrac{4}{3} = 53.1°$

図 9・27

9.9 インピーダンス

図 9·24 の RLC の直列回路において，微分方程式

$$Ri + L\frac{di}{dt} + \frac{1}{C}\int i\,dt = V_m \sin(\omega t + \theta)$$

は

$$\left(R + j\omega L + \frac{1}{j\omega C}\right)\dot{I} = \dot{V} \tag{9·46}$$

であった．いま

$$\dot{Z} = R + j\left(\omega L - \frac{1}{\omega C}\right)$$

とおけば，式（9·46）の微分方程式は

$$\dot{Z}\dot{I} = \dot{V} \tag{9·47}$$

となる．式（9·47）は交流回路におけるオームの法則を表わしている．この複素量 $\dot{Z}$ を**複素インピーダンス**（complex impedance）または単に**インピーダンス*** と呼んでいる．

インピーダンス $\dot{Z}$ を実数部と虚数部に分けて

$$\dot{Z} = R + jX \,[\Omega] \tag{9·48}$$

とおいたとき，R は抵抗，X はリアクタンスを表わしている．インピーダンスの単位は抵抗と同じオーム〔Ω〕である．交流回路では，直流回路の R に相当するインピーダンスがつぎのように 3 種ある．

（1）抵抗 R のインピーダンスは単に R

（2）コイル L のインピーダンスは $j\omega L$

（3）コンデンサ C のインピーダンスは $1/j\omega C$

インピーダンス $\dot{Z}$ を

$$\dot{Z} = R + jX = |\dot{Z}|e^{j\theta}$$

ただし

$$|\dot{Z}| = \sqrt{R^2 + X^2}\,, \qquad \theta = \tan^{-1}\frac{X}{R}$$

---

* impedance …… インピーダンス Z は，直流回路の抵抗 R と同じ作用をする．
impede ＋ ance ⟶ impedance
（妨げる）（名詞化語尾）

と表わすと

$$\dot{I} = \frac{\dot{V}}{\dot{Z}} = \frac{\dot{V}}{R + jX}$$

$$= \frac{\dot{V}}{|\dot{Z}| e^{j\theta}} = \frac{\dot{V}}{|\dot{Z}|} e^{-j\theta}$$

$$|\dot{I}| = \frac{|\dot{V}|}{|\dot{Z}|} = \frac{|\dot{V}|}{\sqrt{R^2 + X^2}}$$

（9・49）

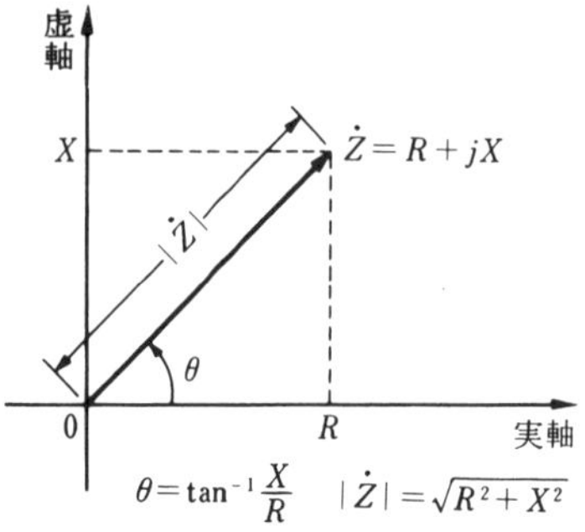

$$\theta = \tan^{-1}\frac{X}{R} \qquad |\dot{Z}| = \sqrt{R^2 + X^2}$$

図 9・28

となる．電圧と電流の位相差はインピーダンスの位相角 θ を意味し，流れる電流の振幅はインピーダンスの大きさ（絶対値）で決まることがわかる．したがって，回路に加えた電圧と流れる電流の関係は，回路のインピーダンスを調べればわかる．

インピーダンス $\dot{Z}$ の逆数

$$\dot{Y} = \frac{1}{\dot{Z}}$$

（9・50）

を**アドミタンス**（admittance）という．したがって，式（9・49）は

$$\dot{I} = \frac{\dot{V}}{\dot{Z}} = \dot{Y}\dot{V}$$

（9・51）

と表わせる．

$$\dot{Z} = R + jX = |\dot{Z}| e^{j\theta}$$

であるとき，アドミタンス $\dot{Y}$ は

$$\dot{Y} = \frac{1}{\dot{Z}} = \frac{1}{R + jX} = \frac{R}{R^2 + X^2} - j\frac{X}{R^2 + X^2}$$

（9・52）

である．

つぎに，式（9・52）を次式のように表わす．

$$\dot{Y} = G + jB$$

（9・53）

ただし $G = \dfrac{R}{R^2 + X^2}$ ，$B = -\dfrac{X}{R^2 + X^2}$ $\left(\begin{array}{l}B \text{ は容量性のときは正値,} \\ \text{誘導性のときは負値とする}\end{array}\right)$

（9・54）

G を**コンダクタンス**（conductance），B を**サセプタンス**（susceptance）とい

う．アドミタンスの単位は**ジーメンス**（Siemens）〔S〕である．

(1)　抵抗 R のアドミタンスは $1/R$

(2)　コイル L のアドミタンスは $1/j\omega L$

(3)　コンデンサ C のアドミタンスは $j\omega C$

である．

以上，L,C,R の基本的な性質についてまとめると**表 9・1**のようになる．

表 9・1　L, C, R の基本的な性質

回路素子	時 間 関 数	記 号 関 数	インピーダンス $\dot{Z}$	アドミタンス $\dot{Y}$
抵抗 R	$v_R(t) = Ri(t)$	$\dot{V}_R(\omega) = R\dot{I}(\omega)$	R	$\dfrac{1}{R}$
コイル L	$v_L(t) = L\dfrac{d}{dt}i(t)$	$\dot{V}_L(\omega) = j\omega L\dot{I}(\omega)$	$j\omega L$	$\dfrac{1}{j\omega L}$
コンデンサ C	$v_C(t) = \dfrac{1}{C}\displaystyle\int i\,dt$	$\dot{V}_C(\omega) = \dfrac{1}{j\omega C}\dot{I}(\omega)$	$\dfrac{1}{j\omega C}$	$j\omega C$

（1）　インピーダンスの直列接続

図 9・29 のようにインピーダンスが直列に接続されている回路において，オームの法則より

$$\dot{V}_1 = \dot{Z}_1 \dot{I}$$
$$\dot{V}_2 = \dot{Z}_2 \dot{I}$$

である．キルヒホッフの電圧の法則より

$$\dot{V} = \dot{V}_1 + \dot{V}_2 = (\dot{Z}_1 + \dot{Z}_2)\dot{I}$$

であるから，合成インピーダンス $\dot{Z}_t$ は

$$\dot{Z}_t = \frac{\dot{V}}{\dot{I}} = \dot{Z}_1 + \dot{Z}_2$$

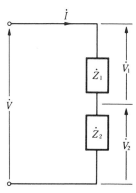

図 9・29 インピーダンスの
直列接続

となる．一般に，n 個のインピーダンスが直列に接続されている場合には

$$\dot{Z}_t = \dot{Z}_1 + \dot{Z}_2 + \cdots\cdots + \dot{Z}_n = \sum_{i=1}^{n} \dot{Z}_i \qquad (9\cdot55)$$

もし，アドミタンスを用いれば，$\dot{Z}$ と $\dot{Y}$ の関係は

$$\dot{Z}_1 = \frac{1}{\dot{Y}_1}, \quad \dot{Z}_2 = \frac{1}{\dot{Y}_2}, \quad \cdots\cdots, \quad \dot{Z}_n = \frac{1}{\dot{Y}_n}$$

であるから

$$\frac{1}{\dot{Y}_t} = \frac{1}{\dot{Y}_1} + \frac{1}{\dot{Y}_2} + \cdots\cdots + \frac{1}{\dot{Y}_n} = \sum_{i=1}^{n} \frac{1}{\dot{Y}_i}$$

となる．ゆえに，合成アドミタンス $\dot{Y}_t$ は

$$\dot{Y}_t = \frac{1}{\dfrac{1}{\dot{Y}_1} + \dfrac{1}{\dot{Y}_2} + \cdots\cdots + \dfrac{1}{\dot{Y}_n}} = \frac{1}{\displaystyle\sum_{i=1}^{n} \dfrac{1}{\dot{Y}_i}} \qquad (9\cdot56)$$

となる．

（2）　インピーダンスの並列接続

図 9·30 のようにインピーダンスが並列に接続されている回路において，オームの法則より

$$\dot{I}_1 = \frac{\dot{V}}{\dot{Z}_1}$$

$$\dot{I}_2 = \frac{\dot{V}}{\dot{Z}_2}$$

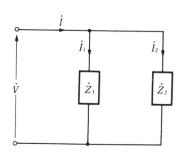

図 9·30　インピーダンスの
並列接続

である．キルヒホッフの電流の法則より

$$\dot{I} = \dot{I}_1 + \dot{I}_2 = \dot{V}\left(\frac{1}{\dot{Z}_1} + \frac{1}{\dot{Z}_2}\right)$$

であるから，合成インピーダンス $\dot{Z}_t$ は

$$\dot{Z}_t = \frac{\dot{V}}{\dot{I}} = \frac{1}{\dfrac{1}{\dot{Z}_1} + \dfrac{1}{\dot{Z}_2}} = \frac{\dot{Z}_1 \dot{Z}_2}{\dot{Z}_1 + \dot{Z}_2}$$

となる．一般に，n 個のインピーダンスが並列に接続されている場合には

$$\dot{Z}_t = \frac{1}{\dfrac{1}{\dot{Z}_1} + \dfrac{1}{\dot{Z}_2} + \cdots\cdots + \dfrac{1}{\dot{Z}_n}} = \frac{1}{\displaystyle\sum_{i=1}^{n} \dfrac{1}{\dot{Z}_i}} \qquad (9\cdot57)$$

となる．もし，アドミタンスを用いれば，$\dot{Z}$ と $\dot{Y}$ の関係は

$$\dot{Y}_1 = \frac{1}{\dot{Z}_1}, \quad \dot{Y}_2 = \frac{1}{\dot{Z}_2}, \quad \cdots\cdots, \quad \dot{Y}_n = \frac{1}{\dot{Z}_n}$$

であるから

$$\frac{1}{\dot{Y}_t} = \frac{1}{\dot{Y}_1 + \dot{Y}_2 + \cdots\cdots + \dot{Y}_n} = \frac{1}{\displaystyle\sum_{i=1}^{n} \dot{Y}_i}$$

となる．ゆえに，合成アドミタンス $\dot{Y}_t$ は

$$\dot{Y}_t = \dot{Y}_1 + \dot{Y}_2 + \cdots\cdots + \dot{Y}_n = \sum_{i=1}^{n} \dot{Y}_i \tag{9・58}$$

となる．

9.10　交流回路の計算

（1）　インダクタンス回路

　図 9・31 に示す回路に，正弦波電圧 $v(t)$ $= \sqrt{2}\,|\dot{V}| \sin\omega t$ を加えた場合を考えよう．インピーダンス $\dot{Z}$ は

$$\dot{Z} = j\omega L = \omega L e^{j\pi/2} \quad (\Omega)$$
$$(\because j = e^{j\pi/2}) \tag{9・59}$$

であるから，流れる電流 $\dot{I}$ はオームの法則より

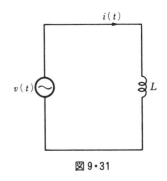

図 9・31

$$\dot{I} = \frac{\dot{V}}{\dot{Z}} = \frac{\dot{V}}{j\omega L} = \frac{\dot{V}}{\omega L e^{j\pi/2}} = \frac{\dot{V}}{\omega L} e^{-j\pi/2} \,(\mathrm{A}) \tag{9・60}$$

となる．したがって，流れる電流 $\dot{I}$ は加えた電圧 $\dot{V}$ より位相が $\pi/2$ 遅れることがわかる．

　電圧と電流のベクトルを描くと **図 9・32** のようになる．この場合，電流を基準（電流ベクトルを実数軸にとる）にして表示すれば図（a）となり，電圧を基準（電圧ベクトルを実数軸にとる）にして表示すれば図（b）となる．このように実数軸と一致させたベクトルを**基準ベクトル**という．

　電流の大きさ（実効値）$|\dot{I}|$ は式（9・60）より

$$|\dot{I}| = \frac{1}{\omega L} |\dot{V}| \,(\mathrm{A}) \qquad (\because |e^{j\theta}| = 1) \tag{9・61}$$

となる．電流の大きさは電圧の $1/\omega L$ 倍になる．

　また，電流の瞬時値 $i(t)$ は式（9•60）より

$$i(t) = \sqrt{2}\,\frac{|\dot{V}|}{\omega L}\,\sin\left(\omega t - \frac{\pi}{2}\right)\ \text{〔A〕} \qquad (9•62)$$

となる．

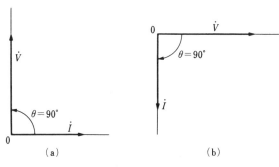

(a)　　　　　　　　　　　(b)

図 9•32

例題9•6　　図9•33 に示す回路に流れる電流を求めよ．

解説　インピーダンス $\dot{Z}_t$ は

$$\dot{Z}_1 = j\omega L_1, \qquad \dot{Z}_2 = j\omega L_2$$

$$\therefore\ \dot{Z}_t = \dot{Z}_1 + \dot{Z}_2$$

$$= j\omega L_1 + j\omega L_2 = j\omega(L_1 + L_2)\ \text{〔Ω〕}$$

となり，合成インダクタンス L_t は

$$L_t = L_1 + L_2\ \text{〔H〕}$$

となる．したがって，流れる電流は

$$\dot{I} = \frac{\dot{V}}{\dot{Z}_t} = \frac{\dot{V}}{j\omega L_t}$$

$$= \frac{\dot{V}}{\omega L_t\,e^{j\pi/2}} = \frac{\dot{V}}{\omega L_t}\,e^{-j\pi/2}\ \text{〔A〕}$$

$$\therefore\ |\dot{I}| = \frac{|\dot{V}|}{\omega L_t}\ \text{〔A〕}$$

図 9•33

となる．

例題 9・7 図 9・34 に示す回路のコイルに電圧 $v(t) = \sqrt{2}\ 100 \sin 100t$ を加えたとき，流れる電流を求めよ．

解説 インピーダンス $\dot{Z}$ は

$$\dot{Z} = j\omega L$$
$$= j\,100 \times 100 \times 10^{-3}$$
$$= j\,10\ (\Omega)$$

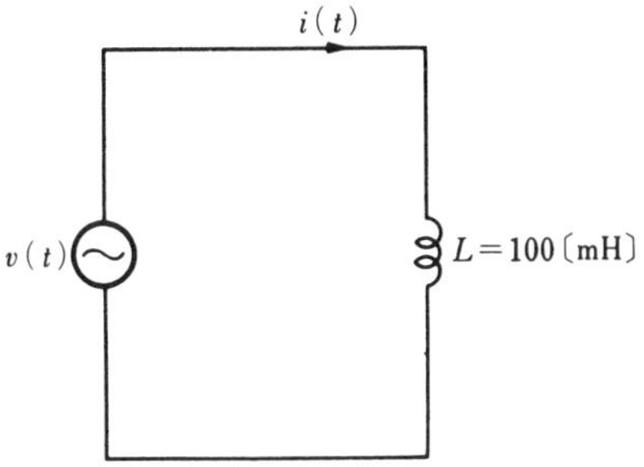

であるから，流れる電流 $\dot{I}$ は

$$\dot{I} = \frac{\dot{V}}{\dot{Z}}$$
$$= \frac{100}{j\,10} = 10\,e^{-j\pi/2}\ (A)$$
$$\therefore |\dot{I}| = 10\ (A)$$
$$\therefore i(t) = \sqrt{2}\ 10 \sin\left(100\,t - \frac{\pi}{2}\right)\ (A)$$

となる．

図 9・34

（2） コンデンサ回路

図 9・35 に示す回路に正弦波電圧 $v(t) = \sqrt{2}\,|\dot{V}|\sin\omega t$ を加えた場合を考えよう．

インピーダンス $\dot{Z}$ は

$$\dot{Z} = \frac{1}{j\omega C} = \frac{1}{\omega C e^{j\pi/2}} = \frac{1}{\omega C}\,e^{-j\pi/2}\ (\Omega) \tag{9・63}$$

であるから，流れる電流 $\dot{I}$ はオームの法則より

$$\dot{I} = \frac{\dot{V}}{\dot{Z}} = \frac{\dot{V}}{\dfrac{1}{\omega C}\,e^{-j\pi/2}} = \omega C \dot{V} e^{j\pi/2}\ (A) \tag{9・64}$$

となる．したがって，流れる電流 $\dot{I}$ は加えた電圧 $\dot{V}$ より位相が $\pi/2$ 進むことがわかる．

電圧と電流のベクトル図を描くと図 9・36 のようになる．電圧を基準ベクトルに選べば図（a）となり，電流を基準ベクトルに選べば図（b）となる．

電流の大きさ $|\dot{I}|$ は式（9・64）より

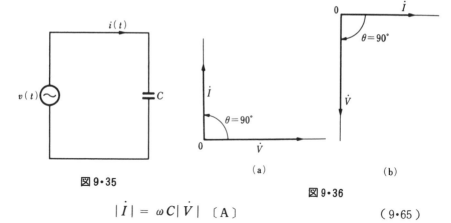

図9・35

図9・36

$$|\dot{I}| = \omega C |\dot{V}| \quad \text{〔A〕} \tag{9・65}$$

となる.

電流の瞬時値 $i(t)$ は

$$i(t) = \sqrt{2}\,\omega C |\dot{V}| \sin\left(\omega t + \frac{\pi}{2}\right) \quad \text{〔A〕} \tag{9・66}$$

となる.

例題9・8 図9・37に示す回路に流れる電流を求めよ.

解説 インピーダンス $\dot{Z}_t$ は

$$\dot{Z}_1 = \frac{1}{j\omega C_1}, \quad \dot{Z}_2 = \frac{1}{j\omega C_2}$$

$$\therefore \dot{Z}_t = \frac{1}{j\omega C_1} + \frac{1}{j\omega C_2}$$

$$= \frac{1}{j\omega}\left(\frac{1}{C_1} + \frac{1}{C_2}\right) \quad \text{〔Ω〕}$$

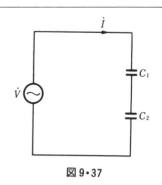

図9・37

となり,合成キャパシタンス C_t は

$$C_t = \frac{1}{\dfrac{1}{C_1} + \dfrac{1}{C_2}} = \frac{C_1 C_2}{C_1 + C_2} \quad \text{〔F〕}$$

となる.したがって,流れる電流は

$$\dot{I} = \frac{\dot{V}}{\dot{Z}_t}$$

$$= \frac{\dot{V}}{\dfrac{1}{j\omega C_t}} = \frac{\dot{V}}{\dfrac{1}{\omega C_t}e^{-j\pi/2}} = \omega C_t \dot{V} e^{j\pi/2} \ \text{〔A〕}$$

$$\therefore \ |\dot{I}| = \omega C_t |\dot{V}| \quad \text{〔A〕}$$

となる.

例題 9・9　図 9・38 に示す回路のコンデンサに電圧 $v(t) = \sqrt{2}\,100\sin 100t$ を加えたとき，流れる電流を求めよ.

解説　インピーダンス $\dot{Z}$ は

$$\dot{Z} = \frac{1}{j\omega C}$$

$$= \frac{1}{j\,100\times100\times10^{-6}}$$

$$= \frac{1}{j\,10^{-2}} = 100e^{-j\pi/2}\ \text{〔Ω〕}$$

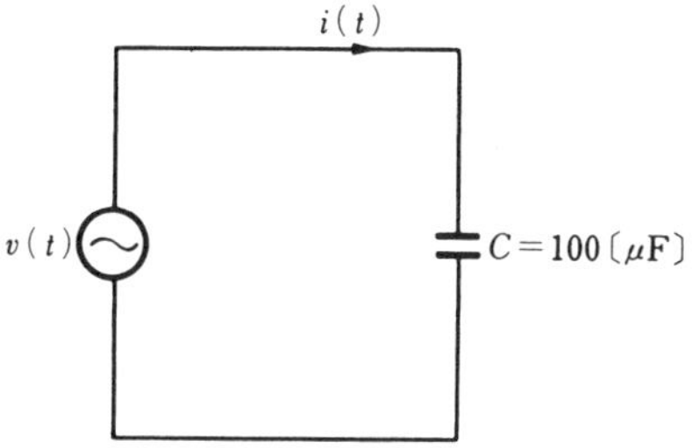

であるから，流れる電流 $\dot{I}$ は

図 9・38

$$\dot{I} = \frac{\dot{V}}{\dot{Z}}$$

$$= \frac{100}{100e^{-j\pi/2}} = 1\cdot e^{j\pi/2}\quad\text{〔A〕}$$

$$\therefore \ |\dot{I}| = 1\ \text{〔A〕}$$

$$\therefore \ i(t) = \sqrt{2}\sin\left(\omega t + \frac{\pi}{2}\right)\ \text{〔A〕}$$

となる.

（3）RL 直列回路

図 9・39 に示す回路に正弦波電圧 $v(t) = \sqrt{2}\,|\dot{V}|\sin\omega t$ を加えた場合を考えよう. インピーダンス $\dot{Z}$ は

$$\dot{Z}_R = R, \quad \dot{Z}_L = j\omega L$$

$$\therefore \dot{Z} = \dot{Z}_R + \dot{Z}_L$$

$$= R + j\omega L = |\dot{Z}|\,e^{j\theta}\ \text{〔Ω〕} \tag{9・67}$$

ただし, $|\dot{Z}| = \sqrt{R^2 + (\omega L)^2}$

$\qquad \theta = \tan^{-1} \dfrac{\omega L}{R}$

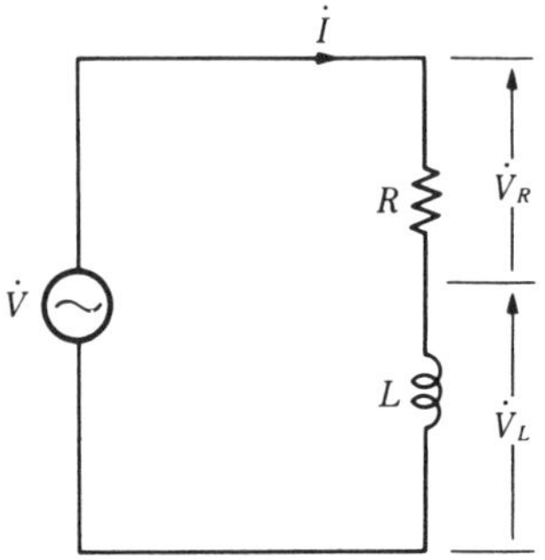

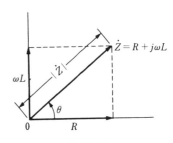

図9・40 RL 直列回路のインピーダンス

図9・39 RL 直列回路

であるから, 流れる電流 $\dot{I}$ はオームの法則より

$$\dot{I} = \frac{\dot{V}}{\dot{Z}}$$

$$= \frac{\dot{V}}{R + j\omega L} = \frac{\dot{V}}{|\dot{Z}|e^{j\theta}} = \frac{1}{|\dot{Z}|}\,\dot{V}e^{-j\theta} \quad \text{〔A〕} \qquad (9\cdot68)$$

となる. したがって, 流れる電流 $\dot{I}$ は加えた電圧 $\dot{V}$ より位相が θ だけ遅れることがわかる.

抵抗 R の両端電圧 $\dot{V}_R$ は

$$\dot{V}_R = R\dot{I}$$

であり, $\dot{V}_R$ と $\dot{I}$ は同相である. また,
インダクタンス L の両端電圧 $\dot{V}_L$ は

$$\dot{V}_L = j\omega L\dot{I} = \omega L\dot{I}e^{j\pi/2}$$

であり, $\dot{V}_L$ は $\dot{I}$ より $90°$ 位相が進む.
以上の関係をベクトル図に描いてみよう.
直列接続であるから, 電流は R と L に
共通に流れる. そこで, 電流を基準ベク

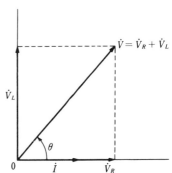

図9・41 RL 直列回路のベクトル図

トルに選んでベクトル図を描くと**図9・41**のようになる.

電流の大きさ $|\dot{I}|$ は式 $(9\cdot68)$ より

$$|\dot{I}| = \frac{1}{|\dot{Z}|} |\dot{V}| \quad \text{(A)} \tag{9・69}$$

となる．このように，流れる電流の大きさは回路のインピーダンスの大きさで決まり，電流と電圧の位相差はインピーダンスの位相角であることがわかる．

電流の瞬時値 $i(t)$ は

$$i(t) = \sqrt{2}\,\frac{|\dot{V}|}{|\dot{Z}|} \sin(\omega t - \theta) \quad \text{(A)} \tag{9・70}$$

ただし

$$|\dot{Z}| = \sqrt{R^2 + (\omega L)^2}\,, \quad \theta = \tan^{-1}\frac{\omega L}{R}$$

となる．

例題 9・10　図 9・42 に示す $R = 4\,(\Omega)$ と $X_L = 3\,(\Omega)$ の直列回路に $\dot{V} = 200\,(V)$ を加えたとき流れる電流を求めよ．

解説

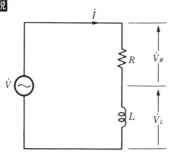

図 9・42　RL 直列回路

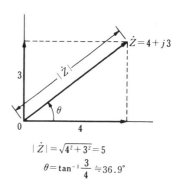

$$|\dot{Z}| = \sqrt{4^2 + 3^2} = 5$$
$$\theta = \tan^{-1}\frac{3}{4} \fallingdotseq 36.9°$$

図 9・43　インピーダンス $\dot{Z}$

回路のインピーダンス $\dot{Z}$ は

$$\dot{Z} = 4 + j3$$
$$= \sqrt{4^2 + 3^2}\,e^{j\theta} = 5e^{j\theta} \qquad (\text{ただし，}\theta = \tan^{-1} 3/4 \fallingdotseq 36.9°)$$

回路を流れる電流 $\dot{I}$ は

$$\dot{I} = \frac{\dot{V}}{\dot{Z}}$$

である．

(1) 解答例 1

$$\dot{I} = \frac{\dot{V}}{\dot{Z}}$$

$$= \frac{200}{4+j3} = \frac{200(4-j3)}{4^2+3^2} = \frac{200}{25}(4-j3) = 32 - j24 \text{〔A〕}$$

$$\therefore \ |\dot{I}| = \sqrt{32^2+24^2} = 40 \ \text{〔A〕}$$

(2) 解答例 2

$$\dot{I} = \frac{\dot{V}}{\dot{Z}}$$

$$= \frac{200}{5e^{j\theta}} = 40e^{-j\theta} \quad \text{〔A〕}$$

$$\therefore \ |\dot{I}| = 40 \text{〔A〕}$$

電圧と電流のベクトル図を描いてみよう．電流
を基準ベクトルに選んで描くと**図9・44** のように
なる．

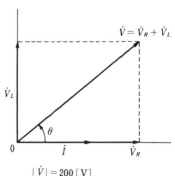

$|\dot{V}| = 200$〔V〕

$\theta \fallingdotseq 36.9°$

図9・44 ベクトル図

回路に加えた電圧 $\dot{V}$ は，R の両端電圧 $\dot{V}_R$ と L の両端電圧 $\dot{V}_L$ のベクトル和である．

$$\dot{V}_R = R\dot{I} = 4(32-j24) = 128 - j96 \text{〔V〕}$$

$$\dot{V}_L = j\omega L\dot{I} = j3(32-j24) = 72 + j96 \text{〔V〕}$$

$$\therefore \ \dot{V} = \dot{V}_R + \dot{V}_L = (128-j96)+(72+j96) = 200 + j0 \text{〔V〕}$$

$$|\dot{V}| = 200 \ \text{〔V〕}$$

$$\theta = \tan^{-1}\frac{|\dot{V}_L|}{|\dot{V}_R|} = \tan^{-1}\frac{\omega L|\dot{I}|}{R|\dot{I}|} = \tan^{-1}\frac{\omega L}{R} = \tan\frac{3}{4} \fallingdotseq 36.9°$$

例題9・11 **図9・45** に示す RL 直列回路に流れる電流を求めよ．ただし，
$v(t) = \sqrt{2}\,100\sin100\pi t$，$R = 6$〔Ω〕，$L = 25.5$〔mH〕とする．

解説 回路のインピーダンス $\dot{Z}$ は

$$\dot{Z}_1 = R = 6 \text{〔Ω〕}$$

$$\dot{Z}_2 = j\omega L$$

$$= j100 \times 3.14 \times 25.5 \times 10^{-3}$$

$$\fallingdotseq j8 \text{〔Ω〕}$$

$$\therefore \dot{Z} = \dot{Z}_1 + \dot{Z}_2$$
$$= 6 + j8 \,(\Omega)$$
$$= \sqrt{6^2 + 8^2}\, e^{j\theta} = 10 e^{j\theta}\,(\Omega)$$

（ただし, $\theta = \tan^{-1} 8/6 \fallingdotseq 53.1^\circ$）

流れる電流 $\dot{I}$ は

$$\dot{I} = \frac{\dot{V}}{\dot{Z}}$$

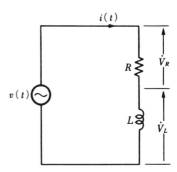

図9・45

（1） 解答例1

$$\dot{I} = \frac{\dot{V}}{\dot{Z}}$$

$$= \frac{100}{6 + j8} = \frac{100(6 - j8)}{6 + j8}$$

$$= \frac{100}{100}(6 - j8) = 6 - j8\,(\mathrm{A})$$

$$\therefore |\dot{I}| = \sqrt{6^2 + 8^2} = 10\,(\mathrm{A})$$

（2） 解答例2

$$\dot{I} = \frac{\dot{V}}{\dot{Z}}$$

$$= \frac{100}{10 e^{j\theta}} = 10 e^{-j\theta}$$

（ただし, $\theta = \tan^{-1} 8/6 \fallingdotseq 53.1^\circ$）

$$\therefore |\dot{I}| = 10\,(\mathrm{A})$$

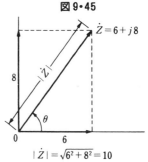

$|\dot{Z}| = \sqrt{6^2 + 8^2} = 10$

$\theta = \tan^{-1}\dfrac{8}{6} \fallingdotseq 53.1^\circ$

図9・46

したがって, 電流の瞬時値 $i(t)$ は

$$i(t) = \sqrt{2}\ 10\sin(100\pi t - \theta)$$

（ただし, $\theta = \tan^{-1} 8/6 \fallingdotseq 53.1^\circ$）

となる.

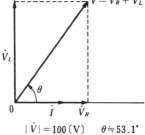

$|\dot{V}| = 100\,(\mathrm{V})$ $\theta \fallingdotseq 53.1^\circ$

図9・47

電圧と電流のベクトル図を描いてみよう. 電流を基準ベクトルに選んで描くと**図9・47**のようになる.

$$\dot{V}_R = R\dot{I} = 6(6 - j8) = 36 - j48\,(\mathrm{V})$$
$$\dot{V}_L = j\omega L\dot{I} = j8(6 - j8) = 64 + j48\ (\mathrm{V})$$
$$\therefore \dot{V} = \dot{V}_R + \dot{V}_L = (36 - j48) + (64 + j48) = 100 + j0\,(\mathrm{V})$$

$$|\dot{V}| = 100 \,〔V〕$$

$$\theta = \tan^{-1}\frac{|\dot{V_L}|}{|\dot{V_R}|} = \tan^{-1}\frac{\omega L|\dot{I}|}{R|\dot{I}|} = \tan^{-1}\frac{\omega L}{R} = \tan^{-1}\frac{8}{6} \fallingdotseq 53.1^{\circ}$$

（4） RC 直列回路

図 9·48 に示す回路に，正弦波電圧 $v(t)$
$= \sqrt{2}\,|\dot{V}|\sin\omega t$ を加えた場合を考えよう．
インピーダンス $\dot{Z}$ は

$$\dot{Z_R} = R$$

$$\dot{Z_C} = \frac{1}{j\omega C} = -j\frac{1}{\omega C}$$

$$\therefore \dot{Z} = \dot{Z_R} + \dot{Z_C}$$

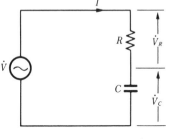

図 9·48　RC 直列回路

$$= R - j\frac{1}{\omega C} = |\dot{Z}|\,e^{-j\theta} \,〔\Omega〕 \tag{9·71}$$

ただし

$$|\dot{Z}| = \sqrt{R^2 + \left(\frac{1}{\omega C}\right)^2}$$

$$\theta = \tan^{-1}\frac{1}{\omega C R}$$

であるから，流れる電流はオームの法則より

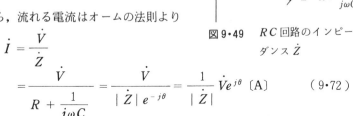

図 9·49　RC 回路のインピー
ダンス $\dot{Z}$

$$\dot{I} = \frac{\dot{V}}{\dot{Z}}$$

$$= \frac{\dot{V}}{R + \dfrac{1}{j\omega C}} = \frac{\dot{V}}{|\dot{Z}|\,e^{-j\theta}} = \frac{1}{|\dot{Z}|}\dot{V}e^{j\theta} \,〔A〕 \tag{9·72}$$

となる．したがって，流れる電流 $\dot{I}$ は加えた電圧 $\dot{V}$ より位相が θ だけ進むことがわかる．

　抵抗 R の両端電圧 $\dot{V_R}$ は

$$\dot{V_R} = R\dot{I}$$

であり，$\dot{V_R}$ と $\dot{I}$ は同相である．また，
コンデンサ C の両端電圧 $\dot{V_C}$ は

$$\dot{V_C} = \frac{1}{j\omega C}\dot{I} = \frac{1}{\omega C}\dot{I}e^{-j\pi/2}$$

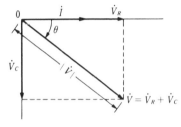

図 9·50　RC 直列回路のベクトル図

であり，V_c は $\dot{I}$ より 90°位相が遅れる．以上の関係を電流を基準ベクトルに選ん
で描くと**図 9・50** のようになる．

電流の大きさ $|\dot{I}|$ は式（9・72）より

$$|\dot{I}| = \frac{1}{|\dot{Z}|} |\dot{V}| \ \text{(A)} \tag{9·73}$$

となる．また，瞬時値 $i(t)$ は

$$i(t) = \sqrt{2} \frac{|\dot{V}|}{|\dot{Z}|} \sin(\omega t + \theta) \ \text{(A)} \tag{9·74}$$

ただし

$$|\dot{Z}| = \sqrt{R^2 + \left(\frac{1}{\omega C}\right)^2} \ , \quad \theta = \tan^{-1} \frac{1}{\omega C R}$$

となる．

例題 9・12 **図 9・51** に示す $R = 6$〔Ω〕， $X_c = 8$〔Ω〕の直列回路に $\dot{V} = 100$
〔V〕を加えたとき流れる電流を求めよ．

解説 回路のインピーダンス $\dot{Z}$ は

$$\dot{Z} = R - jX_c$$
$$= 6 - j8 \text{〔Ω〕} = \sqrt{6^2 + 8^2}\ e^{-j\theta} = 10 e^{-j\theta} \text{〔Ω〕}$$

（ただし，$\theta = \tan^{-1} 8/6 \fallingdotseq 53.1°$）

回路を流れる電流 $\dot{I}$ は

$$\dot{I} = \frac{\dot{V}}{\dot{Z}}$$

である．

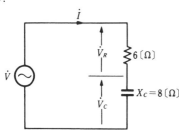

図 9・51 RC 直列回路

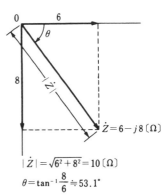

$$|\dot{Z}| = \sqrt{6^2 + 8^2} = 10 \text{〔Ω〕}$$
$$\theta = \tan^{-1} \frac{8}{6} \fallingdotseq 53.1°$$

図 9・52 インピーダンス $\dot{Z}$

(1)　解答例 1

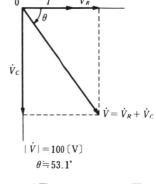

$$\dot{I} = \frac{\dot{V}}{\dot{Z}}$$

$$= \frac{100}{6-j8} = \frac{100(6+j8)}{6^2+8^2}$$

$$= 6+j8 \,(\text{A})$$

$$\therefore \ |\dot{I}| = \sqrt{6^2+8^2} = 10 \,(\text{A})$$

(2)　解答例 2

$$\dot{I} = \frac{\dot{V}}{\dot{Z}}$$

$|\dot{V}| = 100 \,(\text{V})$

$\theta \fallingdotseq 53.1°$

| **図9・53**　ベクトル図

$$= \frac{100}{10e^{-j\theta}} = 10e^{j\theta} \,(\text{A}) \quad (ただし, \ \theta = \tan^{-1} 8/6 \fallingdotseq 53.1°)$$

$$\therefore \ |\dot{I}| = 10 \,(\text{A})$$

電圧と電流のベクトル図を描いてみよう．電流を基準ベクトルに選んで描くと **図9・53** のようになる．

回路に加えた電圧 $\dot{V}$ は，R の両端電圧 $\dot{V}_R$ と C の両端電圧 $\dot{V}_C$ のベクトル和である．

$$\dot{V} = \dot{V}_R + \dot{V}_C$$

$$= R\dot{I} - jX_C\dot{I} = (R - jX_C)\dot{I}$$

$$= (6-j8)(6+j8) = 100 \,(\text{V})$$

$$\therefore \ |\dot{V}| = 100 \,(\text{V})$$

電圧 $\dot{V}$ と電流 $\dot{I}$ の位相差 θ は

$$\theta = \tan^{-1}\frac{|\dot{V}_C|}{|\dot{V}_R|} = \tan^{-1}\frac{\dfrac{1}{\omega C}|\dot{I}|}{R|\dot{I}|} = \tan^{-1}\frac{1}{\omega CR}$$

$$= \tan^{-1}\frac{8}{6} \fallingdotseq 53.1°$$

となり，回路のインピーダンス $\dot{Z}$ の位相角に等しいことがわかる．

例題9・13 | **図9・54** に示す RC 直列回路に流れる電流を求めよ．ただし，$v(t) = \sqrt{2}\,100\sin 100\pi t$，$R = 3\,(\Omega)$，$C = 796\,(\mu\text{F})$とする．

解説　回路のインピーダンス $\dot{Z}$ は

$$\dot{Z}_1 = R = 3 \ (\Omega)$$

$$\dot{Z}_2 = \frac{1}{j\omega C} = -j\frac{1}{2\pi f C}$$

$$= -j\frac{1}{100 \times 3.14 \times 796 \times 10^{-6}}$$

$$\fallingdotseq -j4 \ (\Omega)$$

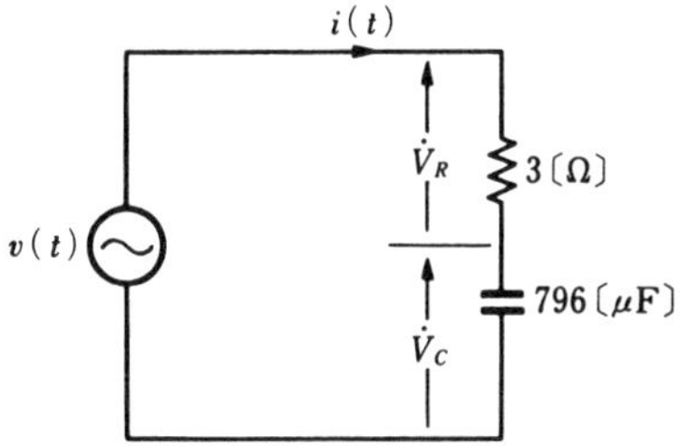

から

図9・54 *RC*直列回路

$$\therefore \dot{Z} = \dot{Z}_1 + \dot{Z}_2$$

$$= 3 - j4 \ (\Omega)$$

$$= \sqrt{3^2 + 4^2}\, e^{-j\theta} = 5e^{-j\theta} \ (\Omega) \qquad (ただし,\ \theta = \tan^{-1} 4/3 \fallingdotseq 53.1°)$$

回路を流れる電流 $\dot{I}$ は

$$\dot{I} = \frac{\dot{V}}{\dot{Z}}$$

である.

(1) 解答例1

$$\dot{I} = \frac{\dot{V}}{\dot{Z}}$$

$$= \frac{100}{3 - j4} = \frac{100(3 + j4)}{3^2 + 4^2} = \frac{100}{25}(3 + j4) = 12 + j16 \ (A)$$

$$\therefore \ |\dot{I}| = \sqrt{12^2 + 16^2} = 20 \ (A)$$

となる.

(2) 解答例2

$$\dot{I} = \frac{\dot{V}}{\dot{Z}}$$

$$= \frac{100}{5e^{-j\theta}} = 20e^{j\theta} \ (A) \qquad (ただし,\ \theta = \tan^{-1} 4/3 \fallingdotseq 53.1°)$$

$$\therefore \ |\dot{I}| = 20 \ (A)$$

となる.

したがって,電流の瞬時値 $i(t)$ は

$$i(t) = \sqrt{2}\, 20\sin(100\pi t + \theta) \ (A) \qquad (ただし,\ \theta = \tan^{-1} 4/3 \fallingdotseq 53.1°)$$

となる.

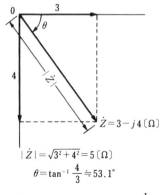

図9・55 インピーダンス $\dot{Z}$

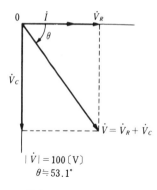

図9・56 ベクトル図

電圧と電流のベクトル図を描いてみよう. 電流を基準ベクトルに選んで描くと, **図9・56** のようになる.

$$\dot{V} = \dot{V_R} + \dot{V_C}$$
$$= R\dot{I} - jX_C\dot{I} = (R - jX_C)\dot{I} = (3 - j4)(12 + j16) = 100 \text{〔V〕}$$
$$\therefore |\dot{V}| = 100 \text{〔V〕}$$

電圧 $\dot{V}$ と電流 $\dot{I}$ の位相差 θ は

$$\theta = \tan^{-1} \frac{|\dot{V_C}|}{|\dot{V_R}|} = \tan^{-1} \frac{\frac{1}{\omega C}|\dot{I}|}{R|\dot{I}|} = \tan^{-1} \frac{1}{\omega C R}$$
$$= \tan^{-1} 4/3 \fallingdotseq 53.1°$$

となる.

（5） RL 並列回路

図9・57 に示す R と L の並列回路に正弦波電圧 $v(t) = \sqrt{2}|\dot{V}|\sin\omega t$ を加えた場合を考えよう.

並列回路であるから, 電圧 $\dot{V}$ は R と L に共通に加わっている. 抵抗 R を流れる電流 $\dot{I_R}$ は

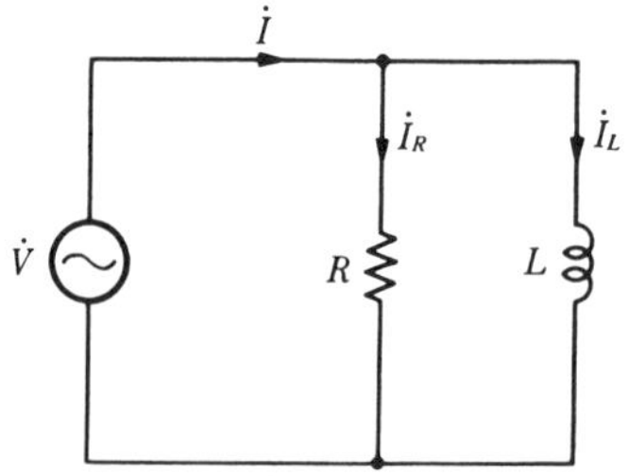

図9・57 RL 並列回路

$$\dot{I_R} = \frac{\dot{V}}{R} \text{〔A〕} \tag{9・75}$$

であり, $\dot{I_R}$ と $\dot{V}$ は同相である. また, インダクタンス L を流れる電流 $\dot{I_L}$ は

$$\dot{I}_L = \frac{\dot{V}}{j\omega L} = -j\frac{\dot{V}}{\omega L} = \frac{1}{\omega L}\dot{V}e^{-j\pi/2} \quad \text{〔A〕} \qquad (9\cdot76)$$

であり，$\dot{I}_L$ は $\dot{V}$ より位相が $90°$ 遅れる．並列回路に流れ込む電流 $\dot{I}$ はキルヒホッフの電流の法則より

$$\dot{I} = \dot{I}_R + \dot{I}_L$$

$$= \frac{\dot{V}}{R} - j\frac{\dot{V}}{\omega L} = \left(\frac{1}{R} - j\frac{1}{\omega L}\right)\dot{V}$$

$$= \sqrt{\left(\frac{1}{R}\right)^2 + \left(\frac{1}{\omega L}\right)^2}\ e^{-j\theta}\dot{V} \quad \text{〔A〕}$$

$$(9\cdot77)$$

ただし

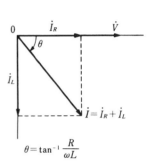

$$\theta = \tan^{-1}\frac{|\dot{I}_L|}{|\dot{I}_R|} = \tan^{-1}\frac{|\dot{V}|/\omega L}{|\dot{V}|/R}$$

$$= \tan^{-1}\frac{R}{\omega L}$$

となる．

図9・58　ベクトル図

　以上の関係をベクトル図に描いてみよう．並列接続であるから，電圧 $\dot{V}$ は R と L に共通に加わる．そこで，電圧 $\dot{V}$ を基準ベクトルに選んでベクトル図を描くと**図9・58**のようになる．流れる電流 $\dot{I}$ は，加えた電圧より位相が θ だけ遅れることがわかる．

　電流の大きさ $|\dot{I}|$ は式（ 9・77 ）より

$$|\dot{I}| = \sqrt{\left(\frac{1}{R}\right)^2 + \left(\frac{1}{\omega L}\right)^2}\,|\dot{V}| \quad \text{〔A〕} \qquad (9\cdot78)$$

となる．したがって，電流の瞬時値 $i(t)$ は

$$i(t) = \sqrt{2}\sqrt{\left(\frac{1}{R}\right)^2 + \left(\frac{1}{\omega L}\right)^2}\,|\dot{V}|\sin(\omega t - \theta)\text{〔A〕}$$

ただし

$$(9\cdot79)$$

$$\theta = \tan^{-1}\frac{R}{\omega L}$$

となる．

　一方，並列回路の場合，アドミタンス $\dot{Y}$ を用いて以下に示すように解くことができる．

RL 並列回路のアドミタンス $\dot{Y}$ は

$$\dot{Y}_1 = \frac{1}{R} = G$$

$$\dot{Y}_2 = \frac{1}{j\omega L}$$

$$\therefore \ \dot{Y} = \dot{Y}_1 + \dot{Y}_2$$

$$= G + \frac{1}{j\omega L} = |\dot{Y}| e^{-j\theta} \ (S)$$

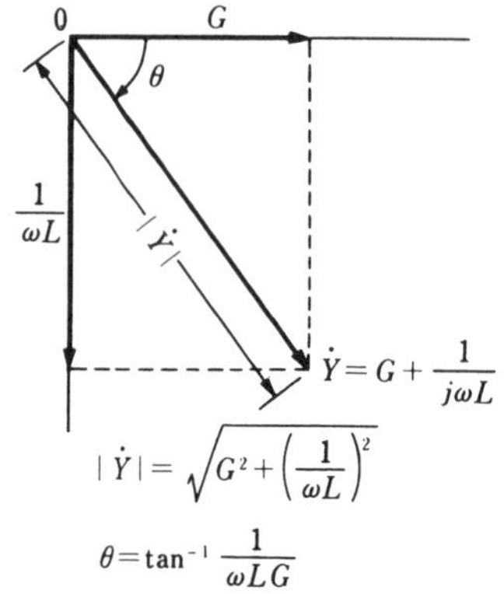

ただし

$$|\dot{Y}| = \sqrt{G^2 + \left(\frac{1}{\omega L}\right)^2}$$

$$\theta = \tan^{-1} \frac{1/\omega L}{G} = \tan^{-1} \frac{1}{\omega L G}$$

図9·59　RL 並列回路のアドミタンス $\dot{Y}$

であるから，流れる電流 $\dot{I}$ はオームの法則より

$$\dot{I} = \dot{Y}\dot{V}$$

$$= \left(G + \frac{1}{j\omega L}\right)\dot{V} = |\dot{Y}| \dot{V} e^{-j\theta} \ (A)$$

$$\therefore \ |\dot{I}| = |\dot{Y}||\dot{V}| = \sqrt{G^2 + \left(\frac{1}{\omega L}\right)^2} |\dot{V}| \ (A)$$

瞬時値 $i(t)$ は上式から

$$\therefore \ i(t) = \sqrt{2} \sqrt{G^2 + \left(\frac{1}{\omega L}\right)^2} |\dot{V}| \sin(\omega t - \theta) \ (A)$$

ただし

$$G = \frac{1}{R}, \quad \theta = \tan^{-1} \frac{1}{\omega L G}$$

となり，式（9·79）と同じ結果が得られる．並列回路の問題を解く場合，アドミタンスを用いると取扱いが容易となる．

例題9·14　図9·60に示す $R = 6$〔Ω〕と $X_L = 8$〔Ω〕の RL 並列回路に $\dot{V} = 24$〔V〕を加えたとき流れる電流を求めよ．

解説　抵抗 R を流れる電流 $\dot{I}_R$ は

$$\dot{I_R} = \frac{\dot{V}}{R}$$

$$= \frac{24}{6} = 4 〔A〕$$

インダクタンス L を流れる電流 $\dot{I_L}$ は

$$\dot{I_L} = \frac{\dot{V}}{j\omega L}$$

$$= \frac{24}{j8} = -j3 〔A〕$$

となる.

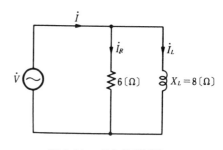

図9·60 *RL* 並列回路

したがって, 並列回路に流れる電流 $\dot{I}$ は

$$\dot{I} = \dot{I_R} + \dot{I_L}$$

$$= 4 - j3 〔A〕$$

$$= \sqrt{4^2 + 3^2}\ e^{-j\theta}$$

$$= 5e^{-j\theta} 〔A〕$$

（ただし, $\theta = \tan^{-1} 3/4 ≒ 36.9°$）

となる.

電流の大きさは

$$|\dot{I}| = \sqrt{4^2 + 3^2} = 5 〔A〕$$

となる.

電圧と電流のベクトル図は, 電圧 $\dot{V}$ を
基準ベクトルに選んで描くと**図9·61**のよ
うになる.

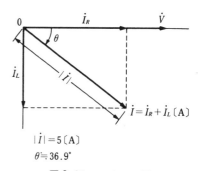

$|\dot{I}| = 5〔A〕$

$\theta ≒ 36.9°$

図9·61 ベクトル図

例題9·15 **図9·62**に示す *RL* 並列回路に流れる電流を求めよ. ただし,
$v(t) = \sqrt{2}\ 12 \sin 100\pi t$, $R = 4 〔\Omega〕$, $L = 9.6 〔\text{mH}〕$とする.

解説 インダクタンス L のリアクタンス X_L は

$$X_L = \omega L = 2\pi f L$$

$$= 100 \times 3.14 \times 9.6 \times 10^{-3} = 3 〔\Omega〕$$

である.

抵抗 R を流れる電流 $\dot{I_R}$ は

$$\dot{I}_R = \frac{\dot{V}}{R}$$

$$= \frac{12}{4} = 3 \,\text{[A]}$$

インダクタンス L を流れる電流 $\dot{I}_L$ は

$$\dot{I}_L = \frac{\dot{V}}{jX_L}$$

$$= \frac{12}{j3} = -j4 \,\text{[A]}$$

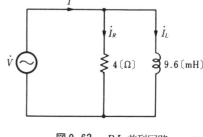

図9·62　RL 並列回路

したがって，並列回路に流れる電流 $\dot{I}$ は

$$\dot{I} = \dot{I}_R + \dot{I}_L$$

$$= 3 - j4 \,\text{[A]}$$

$$= \sqrt{3^2 + 4^2}\; e^{-j\theta} = 5e^{-j\theta}$$

（ただし，$\theta = \tan^{-1} 4/3 ≒ 53.1°$）

となる.

電流の大きさは

$$|\dot{I}| = \sqrt{3^2 + 4^2} = 5 \,\text{[A]}$$

であるから，瞬時値 $i(t)$ は

$$i(t) = \sqrt{2}\,5\sin(100\pi t - \theta)\,\text{[A]}$$

（ただし，$\theta = \tan^{-1} 4/3 ≒ 53.1°$）

となる.

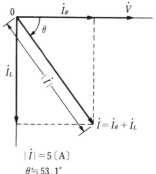

$|\dot{I}| = 5\,\text{[A]}$

$\theta ≒ 53.1°$

図9·63　ベクトル図

電圧を基準ベクトルに選んでベクトル図を描くと**図9·63**のようになる.

（6）　**RC 並列回路**

図9·64 に示す R と C の並列回路に正弦波電圧 $v(t) = \sqrt{2}\,100\sin\omega t$ を加えた場合を考えよう.

$$\dot{I}_R = \frac{\dot{V}}{R} \quad\text{[A]} \qquad (9\cdot80)$$

であり，$\dot{I}_R$ と $\dot{V}$ は同相である．また，コンデンサ C を流れる電流 $\dot{I}_C$ は

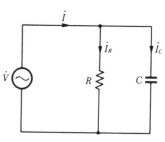

図9·64　RC 並列回路

$$\dot{I}_c = \frac{\dot{V}}{\frac{1}{j\omega C}} = j\omega C\dot{V} = \omega C\dot{V}e^{j\pi/2} \quad 〔A〕 \qquad (9\cdot 81)$$

であり, $\dot{I}_c$ は $\dot{V}$ より位相が $90°$ 進む. 並列回路に流れ込む電流 $\dot{I}$ は

$$\dot{I} = \dot{I}_R + \dot{I}_c$$

$$= \frac{\dot{V}}{R} + \frac{\dot{V}}{1/j\omega C} = \left(\frac{1}{R} + j\omega C\right)\dot{V}$$

$$= \sqrt{\left(\frac{1}{R}\right)^2 + (\omega C)^2}\, e^{j\theta}\, \dot{V} \,〔A〕 \qquad (9\cdot 82)$$

ただし

$$\theta = \tan^{-1}\frac{|\dot{I}_c|}{|\dot{I}_R|} = \tan^{-1}\frac{\omega C|\dot{V}|}{|\dot{V}|/R} = \tan^{-1}\omega CR$$

となる.

電圧 $\dot{V}$ を基準ベクトルに選んでベクトル図を描くと**図9・65**のようになる. 流れる電流 $\dot{I}$ は, 加えた電圧より位相が θ だけ進むことがわかる. 電流の大きさ $|\dot{I}|$ は式(9・82)より

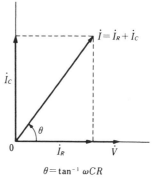

$$|\dot{I}| = \sqrt{\left(\frac{1}{R}\right)^2 + (\omega C)^2}\,|\dot{V}| \quad 〔A〕$$

$$(9\cdot 83)$$

$\theta = \tan^{-1}\omega CR$

図9・65 ベクトル図

となる. したがって, 電流の瞬時値 $i(t)$ は

$$i(t) = \sqrt{2}\sqrt{\left(\frac{1}{R}\right)^2 + (\omega C)^2}\,|\dot{V}|\sin(\omega t + \theta)\,〔A〕 \qquad (9\cdot 84)$$

ただし

$$\theta = \tan^{-1}\omega CR$$

である.

アドミタンス $\dot{Y}$ を用いて解いてみよう. RC 並列回路のアドミタンス $\dot{Y}$ は

$$\dot{Y}_1 = \frac{1}{R} = G$$

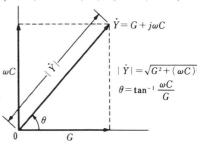

$\dot{Y} = G + j\omega C$

$|\dot{Y}| = \sqrt{G^2 + (\omega C)^2}$

$\theta = \tan^{-1}\dfrac{\omega C}{G}$

図9・66 RC 並列回路のアドミタンス $\dot{Y}$

$$\dot{Y_2} = \frac{1}{1/j\omega C} = j\omega C$$

$$\therefore \dot{Y} = \dot{Y_1} + \dot{Y_2}$$

$$= G + j\omega C = |\dot{Y}| e^{j\theta} \ [\text{S}]$$

ただし

$$|\dot{Y}| = \sqrt{G^2 + (\omega C)^2}, \qquad \theta = \tan^{-1}\frac{\omega C}{G}$$

であるから，流れる電流 $\dot{I}$ は

$$\dot{I} = \dot{Y}\dot{V}$$

$$= (G + j\omega C)\dot{V} = |\dot{Y}| \dot{V}e^{j\theta} \ [\text{A}]$$

$$\therefore |\dot{I}| = |\dot{Y}||\dot{V}| = \sqrt{G^2 + (\omega C)^2} \, |\dot{V}| \quad [\text{A}]$$

$$\therefore i(t) = \sqrt{2}\sqrt{G^2 + (\omega C)^2} \, |\dot{V}| \sin(\omega t + \theta) \ [\text{A}]$$

ただし

$$G = \frac{1}{R}, \quad \theta = \tan^{-1}\frac{\omega C}{G}$$

となる．

例題 9・16 図 9・67 に示す $R = 12 \, [\Omega]$ と $X_c = 16 \, [\Omega]$ の RC 並列回路に $\dot{V} = 24 \, [\text{V}]$ を加えたとき流れる電流を求めよ．

解説 抵抗 R を流れる電流 $\dot{I_R}$ は

$$\dot{I_R} = \frac{\dot{V}}{R}$$

$$= \frac{24}{12} = 2 \ [\text{A}]$$

コンデンサ C を流れる電流 $\dot{I_c}$ は

$$\dot{I_c} = \frac{\dot{V}}{1/j\omega C}$$

$$= \frac{24}{-j16} = j1.5 \ [\text{A}]$$

したがって，並列回路に流れる電流 $\dot{I}$ は

$$\dot{I} = \dot{I_R} + \dot{I_c}$$

$$= 2 + j1.5 \ [\text{A}]$$

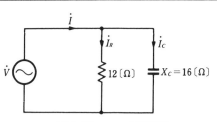

図 9・67　RC 並列回路

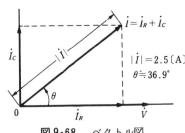

$|\dot{I}| = 2.5 \, [\text{A}]$
$\theta \fallingdotseq 36.9°$

図 9・68　ベクトル図

$$= \sqrt{2^2 + 1.5^2}\, e^{j\theta}$$

$$= 2.5\, e^{j\theta} \ \text{〔A〕}$$

（ただし, $\theta = \tan^{-1} 1.5/2 \fallingdotseq 36.9$）

電流の大きさは

$$|\dot{I}| = \sqrt{2^2 + 1.5^2} = 2.5 \quad \text{〔A〕}$$

となる.

電圧 V を基準ベクトルに選んでベクトル図を描くと**図 9・68**のようになる.

例題 9・17 **図 9・69** に示す RC 並列回路に流れる電流を求めよ. ただし, $v(t) = \sqrt{2}\, 120 \sin 100\pi t$, $R = 3$ 〔Ω〕, $C = 796$ 〔μF〕とする.

解説 コンデンサの容量性リアクタンス X_C は

$$X_C = \frac{1}{\omega C} = \frac{1}{2\pi f C}$$

$$= \frac{1}{100 \times \pi \times 796 \times 10^{-6}}$$

$$\fallingdotseq 4 \text{〔Ω〕}$$

である.

抵抗 R に流れる電流 $\dot{I}_R$ は

$$\dot{I}_R = \frac{\dot{V}}{R}$$

$$= \frac{120}{3} = 40 \text{〔A〕}$$

であり, $\dot{I}_R$ と $\dot{V}$ は同相である.

コンデンサ C に流れる電流 $\dot{I}_C$ は

$$\dot{I}_C = \frac{\dot{V}}{-jX_C}$$

$$= \frac{120}{-j4} = j30 = 30\,e^{j\pi/2} \text{〔A〕}$$

であり, $\dot{I}_C$ は $\dot{V}$ より位相が90°進む.

並列回路に流れ込む電流 $\dot{I}$ は

$$\dot{I} = \dot{I}_R + \dot{I}_C$$

$$= 40 + j30 = 50\,e^{j\theta} \text{〔A〕}$$

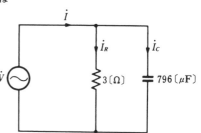

図 9・69 RC 並列回路

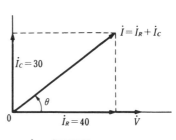

$$|\dot{I}| = \sqrt{40^2 + 30^2} = 50 \text{〔A〕}$$

$$\theta = \tan^{-1}\frac{30}{40} \fallingdotseq 36.9°$$

図 9・70 ベクトル図

（ただし，$\theta = \tan^{-1} 30/40 \fallingdotseq 36.9°$）

$$\therefore |\dot{I}| = 50 〔A〕$$

となる．

電流の瞬時値 $i(t)$ は

$$i(t) = \sqrt{2}\, 50 \sin(100\pi t + \theta)〔A〕$$

（ただし，$\theta = \tan^{-1} 30/40 \fallingdotseq 36.9°$）

となる．

電圧を基準ベクトルに選んでベクトル図を描くと**図9・70**のようになる．

（7）　直並列回路

例題9・18　**図9・71**に示す回路の各枝路に流れる電流を求めよ．ただし，$v(t) = \sqrt{2}\, 100 \sin 100\pi t$ とする．

解説　L および C のリアクタンスは

$$\begin{aligned}
X_L &= \omega L = 2\pi f L \\
&= 100 \times 3.14 \times 9.56 \times 10^{-3} \\
&\fallingdotseq 3〔\Omega〕 \\
X_C &= \frac{1}{\omega C} = \frac{1}{2\pi f C} \\
&= \frac{1}{100 \times 3.14 \times 530 \times 10^{-6}} \\
&\fallingdotseq 6〔\Omega〕
\end{aligned}$$

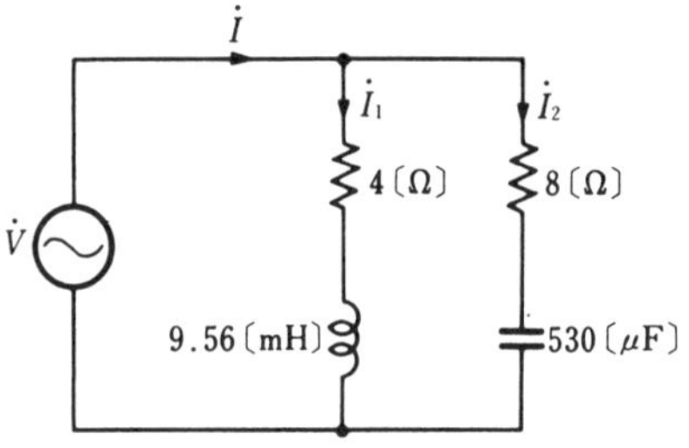

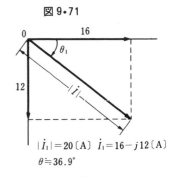

図9・71

である．

各枝路のインピーダンスを $\dot{Z}_1$，$\dot{Z}_2$ とすれば

$$\dot{Z}_1 = 4 + j3〔\Omega〕, \qquad \dot{Z}_2 = 8 - j6〔\Omega〕$$

である．

枝路電流 $\dot{I}_1$ は

$$\dot{I}_1 = \frac{\dot{V}}{\dot{Z}_1}$$

$|\dot{I}_1| = 20〔A〕\quad \dot{I}_1 = 16 - j12〔A〕$

$\theta \fallingdotseq 36.9°$

図9・72

$$= \frac{100}{4 + j3} = \frac{100}{25}(4 - j3) = 16 - j12 = 20\,e^{-j\theta_1}〔A〕$$

（ただし，$\theta_1 = \tan^{-1} 3/4 \fallingdotseq 36.9°$）

$\dot{I}_1$ の大きさ $|\dot{I}_1|$ は

$$|\dot{I}_1| = 20 〔A〕$$

瞬時値 $i_1(t)$ は

$$i_1(t) = \sqrt{2}\,20\sin(100\pi t - 36.9°)〔A〕$$

枝路電流 $\dot{I}_2$ は

$$\dot{I}_2 = \frac{\dot{V}}{\dot{Z}_2}$$

$$= \frac{100}{8 - j6} = \frac{100}{100}(8 + j6)$$

$$= 8 + j6 = 10e^{j\theta_2}〔A〕$$

（ただし，$\theta_2 = \tan^{-1} 6/8 \fallingdotseq 36.9°$）

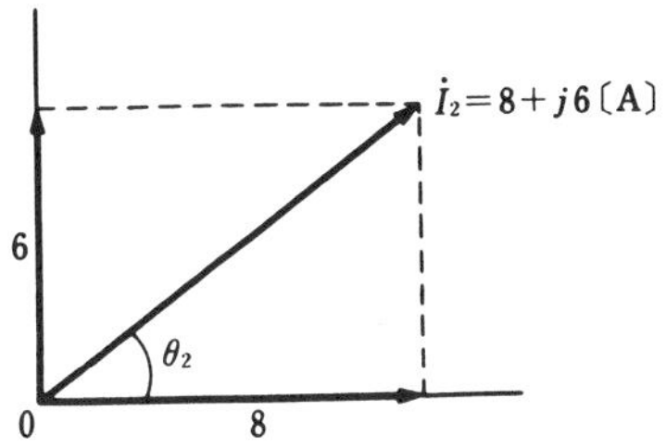

$\dot{I}_2$ の大きさ $|\dot{I}_2|$ は

$$|\dot{I}_2| = 10〔A〕$$

瞬時値 $i_2(t)$ は

$$i_2(t) = \sqrt{2}\,10\sin(100\pi t + 36.9°)〔A〕$$

である．したがって，全電流 $\dot{I}$ は

$$\dot{I} = \dot{I}_1 + \dot{I}_2$$

$$= (16 - j12) + (8 + j6)$$

$$= 24 - j6 = 24.7e^{-j\theta}〔A〕$$

（ただし，$\theta = \tan^{-1} 6/24 \fallingdotseq 14°$）

$\dot{I}$ の大きさ $|\dot{I}|$ は

$$|\dot{I}| = 24.7〔A〕$$

瞬時値 $i(t)$ は

$$i(t) = \sqrt{2}\,24.7\sin(100\pi t - 14°)〔A〕$$

となる．

電圧 $\dot{V}$ を基準ベクトルとしてベクトル図を描くと**図9·74** のようになる．

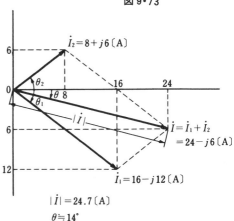

図 9·73

図 9·74

例題9·19　**図9·75** に示す回路の各枝路に流れる電流を求めよ．ただし，
$v(t) = \sqrt{2}\,100\sin(100\pi t)$，　$R = 0.4〔\Omega〕$，　$R_1 = 6〔\Omega〕$，　$R_2 = 3〔\Omega〕$，
$L = 6.4〔mH〕$，　$L_1 = 25.5〔mH〕$，　$C_2 = 796〔\mu F〕$ とする．

解説 まず，L および C のリアクタンスを求める．

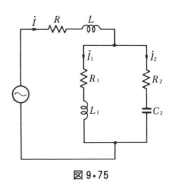

$$X_L = \omega L = 2\pi f L$$
$$= 100 \times 3.14 \times 6.4 \times 10^{-3} \fallingdotseq 2 \ (\Omega)$$
$$X_{L1} = \omega L_1 = 2\pi f L_1$$
$$= 100 \times 3.14 \times 25.5 \times 10^{-3} \fallingdotseq 8 \ (\Omega)$$
$$X_{C2} = \frac{1}{\omega C_2} = \frac{1}{2\pi f C_2}$$
$$= \frac{1}{100 \times 3.14 \times 796 \times 10^{-6}} \fallingdotseq 4 \ (\Omega)$$

図 9・75

各枝路のインピーダンスを $\dot{Z}$，$\dot{Z}_1$，$\dot{Z}_2$ とすれば

$$\dot{Z} = 0.4 + j2 \ (\Omega), \quad \dot{Z}_1 = 6 + j8 \ (\Omega), \quad \dot{Z}_2 = 3 - j4 \ (\Omega)$$

である．回路の合成インピーダンス $\dot{Z}_t$ は

$$\dot{Z}_t = \dot{Z} + \frac{\dot{Z}_1 \dot{Z}_2}{\dot{Z}_1 + \dot{Z}_2}$$

$$= (0.4 + j2) + \frac{(6 + j8)(3 - j4)}{(6 + j8) + (3 - j4)} = (0.4 + j2) + \frac{50}{9 + j4}$$

$$= (0.4 + j2) + \frac{450 - j200}{97} \fallingdotseq (0.4 + j2) + (4.6 - j2) = 5 \ (\Omega)$$

したがって，回路に流れる電流 $\dot{I}$ は

$$\dot{I} = \frac{\dot{V}}{\dot{Z}_t}$$

$$= \frac{100}{5} = 20 \ (\mathrm{A})$$

となり，$\dot{V}$ と $\dot{I}$ は同相である．

電流の大きさ $|\dot{I}|$ は

$$|\dot{I}| = 20 \ (\mathrm{A})$$

瞬時値 $i(t)$ は

$$i(t) = \sqrt{2}\, 20 \sin(100\pi t) \ (\mathrm{A})$$

つぎに各枝路に流れる電流 $\dot{I}_1$，$\dot{I}_2$ は

$$\dot{I}_1 = \dot{I} \frac{\dot{Z}_2}{\dot{Z}_1 + \dot{Z}_2}$$

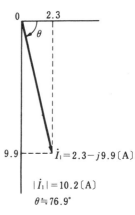

$\dot{I}_1 = 2.3 - j9.9 \ (\mathrm{A})$

$|\dot{I}_1| = 10.2 \ (\mathrm{A})$

$\theta \fallingdotseq 76.9°$

図 9・76

$$= 20 \times \frac{3 - j4}{(6 + j8) + (3 - j4)} = \frac{60 - j80}{9 + j4} = \frac{(60 - j80)(9 - j4)}{97}$$

$$= \frac{220 - j960}{97} = 2.3 - j9.9 = 10.2 \, e^{-j\theta} \quad \text{〔A〕}$$

（ただし，$\theta_1 = \tan^{-1} 9.9/2.3 \fallingdotseq 76.9°$）

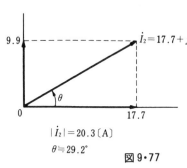

$|\dot{I}_2| = 20.3$〔A〕

$\theta \fallingdotseq 29.2°$

図 9・77

$\dot{I}_2 = 17.7 + j9.9$〔A〕

$\dot{I} = \dot{I}_1 + \dot{I}_2 = 20$〔A〕

$\dot{I}_1 = 2.3 - j9.9$〔A〕

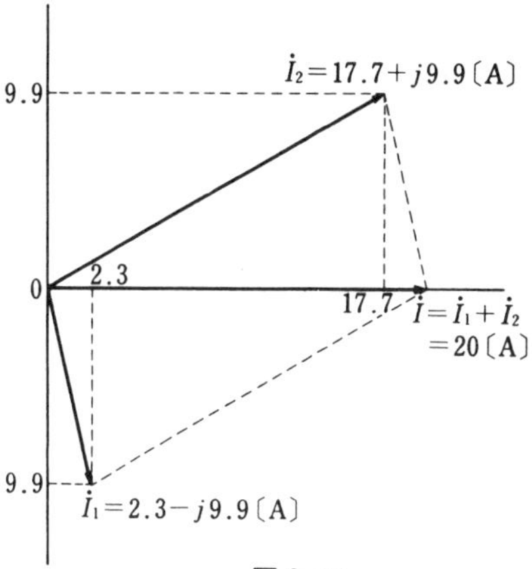

図 9・78

電流の大きさ $|\dot{I}_1|$ は

$$|\dot{I}_1| = 10.2 \quad \text{〔A〕}$$

瞬時値 $i_1(t)$ は

$$i_1(t) = \sqrt{2} \, 10.2 \sin(100\pi t - 76.9°) \quad \text{〔A〕}$$

$$\dot{I}_2 = \dot{I} \frac{\dot{Z}_1}{\dot{Z}_1 + \dot{Z}_2}$$

$$= 20 \times \frac{6 + j8}{(6 + j8) + (3 - j4)}$$

$$= \frac{120 + j160}{9 + j4} = \frac{(120 + j160)(9 - j4)}{97} = \frac{1720 + j960}{97}$$

$$= 17.7 + j9.9 = 20.3 \, e^{j\theta} \text{〔A〕} \quad （ただし，\theta = \tan^{-1} 9.9/17.7 \fallingdotseq 29.2°）$$

電流の大きさ $|\dot{I}_2|$ は

$$|\dot{I}_2| = 20.3 \quad \text{〔A〕}$$

瞬時電流 $i_2(t)$ は

$$i_2(t) = \sqrt{2} \, 20.3 \sin(100\pi t + 29.2°) \quad \text{〔A〕}$$

となる．

例題 9・20 図 9・79 に示す回路の各枝路に流れる電流を求めよ．

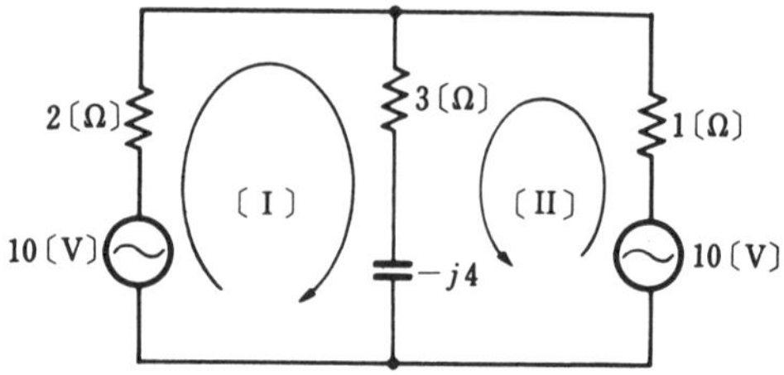

解説 ループとその向きを図のように
定め，ループに沿う網目複素電流を仮
定する.

ループ〔Ⅰ〕にキルヒホッフの電圧
の法則を適用する.

$$10 = (5 - j4)\dot{I}_1 + (3 - j4)\dot{I}_2 \quad ①$$

同様にしてループ〔Ⅱ〕より次式をうる.

$$10 = (3 - j4)\dot{I}_1 + (4 - j4)\dot{I}_2 \qquad ②$$

式①，②の連立方程式を解けば $\dot{I}_1$，$\dot{I}_2$ が求まる.

クラメールの公式を用いて

$$\dot{I}_1 = \frac{\begin{vmatrix} 10 & (3-j4) \\ 10 & (4-j4) \end{vmatrix}}{\begin{vmatrix} (5-j4) & (3-j4) \\ (3-j4) & (4-j4) \end{vmatrix}} = \frac{10(4-j4)-10(3-j4)}{(5-j4)(4-j4)-(3-j4)^2}$$

$$= \frac{10}{11 - j12} = \frac{10(11+j12)}{265} = \frac{110 + j120}{265}$$

$$= 0.42 + j0.45 = 0.62\,e^{j\theta_1} \text{〔A〕} \quad (\text{ただし，} \theta = \tan^{-1}0.45/0.42 \fallingdotseq 47°)$$

$$\therefore |\dot{I}_1| = 0.62 \text{〔A〕}$$

$$\dot{I}_2 = \frac{\begin{vmatrix} (5-j4) & 10 \\ (3-j4) & 10 \end{vmatrix}}{\begin{vmatrix} (5-j4) & (3-j4) \\ (3-j4) & (4-j4) \end{vmatrix}} = \frac{10(5-j4)-10(3-j4)}{11 - j12}$$

$$= \frac{20}{11 - j12} = \frac{20(11+j12)}{265} = \frac{220 + j240}{265}$$

$$= 0.83 + j0.9 = 1.2\,e^{j\theta_2} \text{〔A〕} \quad (\text{ただし，} \theta = \tan^{-1}0.9/0.83 \fallingdotseq 47°)$$

$$\therefore |\dot{I}_2| = 1.2 \text{〔A〕}$$

したがって，3〔Ω〕の抵抗に流れる電流は

$$\dot{I} = \dot{I}_1 + \dot{I}_2$$

$$= (0.42 + j0.45) + (0.83 + j0.9) = 1.25 + j1.35$$

$$= 1.84\,e^{j\theta} \text{〔A〕} \quad (\text{ただし，} \theta = \tan^{-1}1.35/1.25 \fallingdotseq 47°)$$

$$\therefore |\dot{I}| = 1.84 \text{〔A〕}$$

図9・79

となる.

例題 9・21 **図 9・80** に示す回路において，電流 $\dot{I}_L$ と電圧 $\dot{V}$ を同相にするためのインダクタンス L を求めよ.

解説 回路のインピーダンス Z は

$$\dot{Z} = R_1 + \frac{1}{j\omega C} + \frac{j\omega L R_2}{R_2 + j\omega L} \quad ①$$

したがって，回路を流れる電流 $\dot{I}$ は

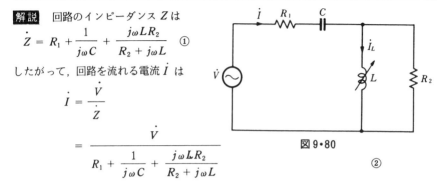

図 9・80

$$\dot{I} = \frac{\dot{V}}{\dot{Z}}$$

$$= \frac{\dot{V}}{R_1 + \dfrac{1}{j\omega C} + \dfrac{j\omega L R_2}{R_2 + j\omega L}} \quad ②$$

L に分流する電流 $\dot{I}_L$ は

$$\dot{I}_L = \dot{I} \, \frac{R_2}{R_2 + j\omega L}$$

$$= \frac{\dot{V}}{R_1 + \dfrac{1}{j\omega C} + \dfrac{j\omega L R_2}{R_2 + j\omega L}} \cdot \frac{R_2}{R_2 + j\omega L}$$

$$= \frac{V}{\left(R_1 + \dfrac{L}{C R_2} \right) + j \left(\omega L + \dfrac{R_1}{R_2}\, \omega L - \dfrac{1}{\omega C} \right)} \quad ③$$

となる. ここで, 式③の分母を

$$\dot{Z} = \left(R_1 + \frac{L}{C R_2} \right) + j \left(\omega L + \frac{R_1}{R_2}\, \omega L - \frac{1}{\omega C} \right)$$

$$= R_e + j X_e = |\dot{Z}| e^{j\theta}$$

ただし

$$R_e = R_1 + \frac{L}{C R_2}, \qquad X_e = \omega L + \frac{R_1}{R_2}\, \omega L - \frac{1}{\omega C}$$

$$|\dot{Z}| = \sqrt{R_e^2 + X_e^2}, \qquad \theta = \tan^{-1} \frac{X_e}{R_e}$$

とおけば, 式③は

$$\dot{I}_L = \frac{\dot{V}}{\dot{Z}} = \frac{\dot{V}}{R_e + jX_e} = \frac{\dot{V}}{|\dot{Z}|\,e^{j\theta}} = \frac{\dot{V}}{|\dot{Z}|}\,e^{-j\theta} \qquad\qquad ④$$

となるから，$\dot{I}_L$ と $\dot{V}$ が同相となるためには

$$\theta = \tan^{-1}\frac{X_e}{R_e} = 0$$

となればよい．すなわち，$\dot{Z}$ の虚数部 X_e が零となればよい．したがって，式③の分母の虚数部が零となればよい．

ゆえに，求める条件は

$$\omega L + \frac{R_1}{R_2}\,\omega L - \frac{1}{\omega C} = 0$$

$$\therefore\ \omega L R_1 + \omega L R_2 - \frac{R_2}{\omega C} = 0 \qquad\qquad \therefore\ L = \frac{R_2}{R_1 + R_2}\cdot\frac{1}{\omega^2 C}$$

となる．

9章　演　習　問　題

1　つぎの正弦波交流を複素数で表わせ．

　　① $v = \sqrt{2}\,100\sin(\omega t + 45°)$

　　② $v = \sqrt{2}\,50\sin(100\pi t - 30°)$

　　③ $i = \sqrt{2}\,10\sin(\omega t - 60°)$

　　④ $i = \sqrt{2}\,5\sin(100\pi t + 30°)$

2　つぎの複素電圧，複素電流を正弦波に変換せよ．ただし，角周波数を ω とする．

　　① $\dot{V} = 6 - j8$　　② $\dot{V} = 10\,e^{j30°}$

　　③ $\dot{I} = 3 + j4$　　④ $\dot{I} = 5\,e^{j20°}$

3　図 9•81 に示す回路に流れる電流を求め，$\dot{V}$ と $\dot{I}$ の関係をベクトル図に描け．ただし，$\dot{V} = 100$〔V〕，$R = 40$〔Ω〕，$X_L = 20$〔Ω〕とする．

4　12〔Ω〕の抵抗と 51〔mH〕のインダクタンスを直列接続した回路に，$v(t) = \sqrt{2}\,100\,\sin(100\pi t)$〔V〕を加えたとき流れる電流を求め，電圧と電流の関係をベクトル図に描け．

5　図 9•82 に示す回路に流れる電流を求め，$\dot{V}$ と $\dot{I}$ の関係をベクトル図に描け．ただし，$\dot{V} = 100$〔V〕，$R = 10$〔Ω〕，$X_c = 20$〔Ω〕とする．

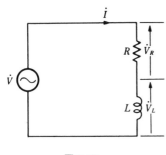

図 9・81

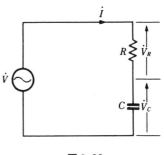

図 9・82

6　12〔Ω〕の抵抗と 353〔μF〕のコンデン
　　サを直列接続した回路に，$v(t)=\sqrt{2}$
　　$60\sin(100\pi t)$〔V〕を加えたとき流れ
　　る電流を求め，電圧と電流の関係をベク
　　トル図に描け．

7　図 9・83 に示す回路に流れる電流 $\dot{I}$ を
　　求め，$\dot{V}$ と $\dot{I}$ の関係をベクトル図に描
　　け．ただし，$\dot{V}=96$〔V〕，$R=12$〔Ω〕，
　　$X_L=16$〔Ω〕とする．

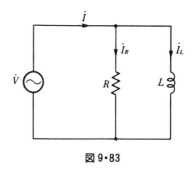

図 9・83

8　6〔Ω〕の抵抗と 25.5〔mH〕のインダクタンスを並列接続した回路に，$v(t)=\sqrt{2}$
　　$48\sin(100\pi t)$ を加えたとき流れる電流を求め，電圧と電流の関係をベクトル図
　　に描け．

9　図 9・84 に示す回路に流れる電流を求め，$\dot{V}$ と $\dot{I}$ の関係をベクトル図に描け．た
　　だし，$\dot{V}=100$〔V〕，$R=20$〔Ω〕，$X_c=20$〔Ω〕とする．

10　100〔Ω〕の抵抗と 20〔μF〕のコンデンサを並列接続した回路に，$v(t)=\sqrt{2}\,100$
　　$\sin(100\pi t)$ を加えたとき流れる電流を求め，電圧と電流の関係をベクトル図に
　　描け．

11　図 9・85 に示す回路において，$\dot{I}$，$\dot{I_1}$，$\dot{I_2}$ を求め，$\dot{V}$ と $\dot{I}$ の関係をベクトル図に
　　描け．ただし，$\dot{V}=100$〔V〕，$R_1=10$〔Ω〕，$R_2=4$〔Ω〕，$L=0.08$〔H〕，
　　$C=110$〔μF〕，$f=50$〔Hz〕とする．

12　図 9・86 に示す回路の L_2 に流れる電流 $\dot{I_L}$ を電圧 $\dot{V}$ より 90°位相を遅らせるため
　　の条件を求めよ．

13　図 9・87 に示す回路において，抵抗 R を流れる電流の位相を電圧 $\dot{V}$ より 45°進め

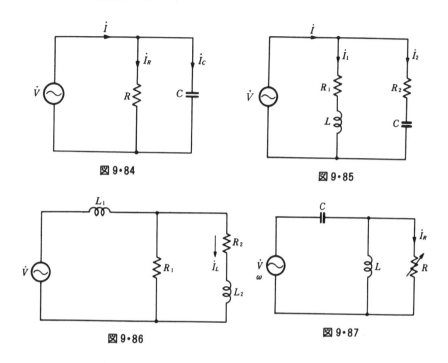

図9・84

図9・85

図9・86

図9・87

るための R の値を L, C および ω で表わせ.

14 図9・88に示す回路において，可変抵抗 R_2 を変えることにより，R_2 を流れる電流 $\dot{I}_R$ の位相を電圧 $\dot{V}$ より60°遅れるようにするには，R_2 の値をいくらにすればよいか.

15 $R = 20$〔Ω〕，$X_C = 25$〔Ω〕の並列回路がある．R に流れる電流が5〔A〕ならば，加えた電圧，全電流はいくらか.

16 R と X_L の直列回路がある．これに100〔V〕の電圧を加えたら10〔A〕流れたという．いま，新たに15〔Ω〕の抵抗を直列につけ加えたら5〔A〕流れたという．R と X_L の値を求めよ.

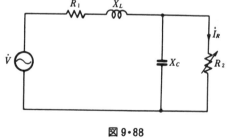

図9・88

17 図9・89に示す回路において，スイッチを①に入れたら，ab間の電圧は60〔V〕になったという．スイッチを②に入れ

かえたら ab 間の電圧 は何ボ
ルトになるか.

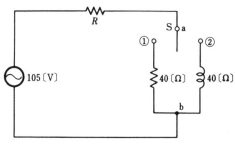

図 9・89

$\boldsymbol{10}$章　ベクトル軌跡

電圧，電流，インピーダンス，アドミタンス等はベクトルで表わされる．電圧，電流等のベクトルを表わす関係式の中の一要素が変化することによって，ベクトルの先端は1つの軌跡を描く．この軌跡を**ベクトル軌跡**（vector locus）という．

（1）　虚数部が一定なベクトルの軌跡

いま，ベクトル$\dot{Z}$が

$$\dot{Z} = R + jX \tag{10・1}$$

で表わされるとする．

虚数部Xを一定とし，実数部Rを0から$+\infty$まで変化すると，図 10・1に示すように，実数軸に平行な直線となる．

（2）　実数部が一定なベクトルの軌跡

$\dot{Z} = R + jX$なるベクトルにおいて，実数部Rを一定とし，虚数部Xを$-\infty$から$+\infty$まで変化すると，図 10・2に示すように，虚数軸に平行な直線となる．

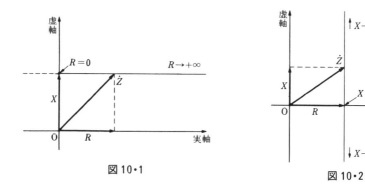

図 10・1

図 10・2

（3）　虚数部が一定なベクトルの逆数の軌跡

虚数部の一定なベクトル軌跡は図 10・1に示されるが，その逆数$1/Z$なるベクトル軌跡を考える．

$$\frac{1}{\dot{Z}} = \frac{1}{R + jX} = \frac{R}{R^2 + X^2} - j\frac{X}{R^2 + X^2}$$
$$= x + jy \qquad\qquad (10\cdot2)$$

ただし

$$x = \frac{R}{R^2 + X^2}, \quad y = -\frac{X}{R^2 + X^2} \qquad (10\cdot3)$$

ここで，$1/\dot{Z}$ の実数部 x と虚数部 y の関係は

$$x^2 + y^2 = \left(\frac{R}{R^2 + X^2}\right)^2 + \left(-\frac{X}{R^2 + X^2}\right)^2$$
$$= \frac{1}{R^2 + X^2} \qquad\qquad (10\cdot4)$$

式（10・3）より

$$\frac{1}{R^2 + X^2} = -\frac{y}{X}$$

これを式（10・4）に代入すれば

$$x^2 + y^2 = -\frac{y}{X} \qquad \therefore x^2 + \left(y + \frac{1}{2X}\right)^2 = \left(\frac{1}{2X}\right)^2 \quad (10\cdot5)$$

　この式は**図10・3**に示すように，複素平面で，虚数軸に中心$(0, -1/2X)$をもち，半径が$1/2X$で，原点Oを通る円を表わしている．

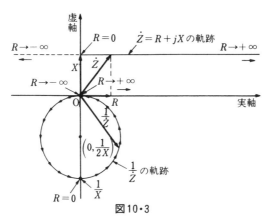

図10・3

（4）　実数部が一定なベクトルの逆数の軌跡

実数部の一定なベクトル軌跡は図10・2に示すようになるが，その逆数 $1/\dot{Z}$ なるベクトル軌跡を考える．

$$x^2 + y^2 = \left(\frac{R}{R^2 + X^2}\right)^2 + \left(-\frac{X}{R^2 + X^2}\right)^2$$

$$= \frac{1}{R^2 + X^2} \qquad (10\cdot6)$$

式（10・3）より

$$\frac{1}{R^2 + X^2} = \frac{x}{R}$$

これを式（10・6）に代入すれば

$$x^2 + y^2 = \frac{x}{R}$$

$$\therefore \left(x - \frac{1}{2R}\right)^2 + y^2$$

$$= \left(\frac{1}{2R}\right)^2$$

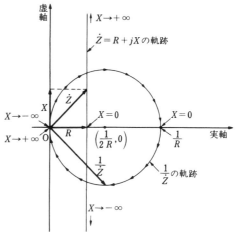

図 10・4

となる．

この式は図10・4に示すように，複素平面で，実数軸に中心 $(1/2R,\ 0)$ をもち，半径が $1/2R$ で，原点Oを通る円を表わしている．

一般に，ベクトル軌跡が虚数軸（実数軸）に平行な直線であるときは，その逆ベクトル軌跡は，中心を実数軸（虚数軸）上にもち，原点Oを通る円となる．

例題 10・1 図10・5に示す回路において，ω を0から $+\infty$ まで変化したとき，$\dot{V}_R$ の変化を調べよ．

解説 インピーダンス $\dot{Z}$ は

$$\dot{Z} = R + j\omega L = |\dot{Z}|\,e^{j\theta}$$

ただし

$$|\dot{Z}| = \sqrt{R^2 + (\omega L)^2}\,, \qquad \theta = \tan^{-1}\frac{\omega L}{R}$$

流れる電流 $\dot{I}$ は

$$\dot{I} = \frac{\dot{V}}{\dot{Z}} = \frac{\dot{V}}{R + j\omega L}$$

である.

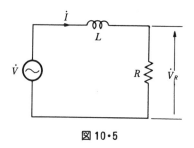

図 10・5

いま, 電圧 $\dot{V}$ を基準ベクトルにとれ
ば, 電流 $\dot{I}$ の軌跡は $1/\dot{Z}$ の軌跡（$\dot{Z}$
の逆軌跡）を $\dot{V}$ 倍したものになる. さ
らに, この電流 $\dot{I}$ を R 倍したものが $\dot{V}_R$ であるから

$$\dot{V}_R = \dot{I}R = \frac{R}{R + j\omega L}\dot{V}$$

$\dot{V}_R$ のベクトル軌跡は**図 10・6**のような半円となる.

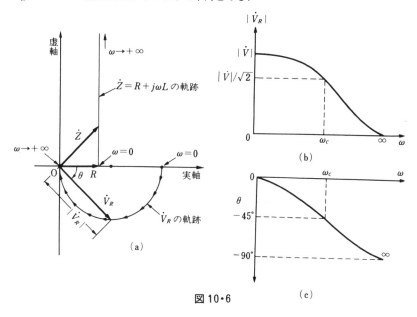

図 10・6

ω に対する振幅特性および位相特性は同図（b）,（c）となる. ベクトル軌跡はこの振
幅特性と位相特性を同時に表わしているのである. このように, LR 回路は低い周波数
をよく通す性質をもっていることがわかる. ある周波数以下の周波数帯を通過させ, それ
以上の高い周波数帯を減衰させるような特性をもつ回路を**低域フィルタ**という. $f = 0$ に
おける値の $1/\sqrt{2}$ になる周波数 f_c を**遮断周波数**といい, $0 \sim f_c$ を通過域, $f_c \sim \infty$ を

減衰域という.

いまの場合, $\omega = \omega_c$ において

$$R = \omega L, \qquad \frac{|\dot{V}_R|_{f_c}}{|\dot{V}_R|_{f=0}} = \frac{1}{\sqrt{2}}, \qquad \theta = -45°$$

となる.

例題 10・2　図10・7に示す回路において, ω を0から $+\infty$ まで変化したとき, $\dot{V}_R$ の変化を調べよ.

解説　インピーダンス $\dot{Z}$ は

$$\dot{Z} = R + \frac{1}{j\omega C} = |\dot{Z}|\, e^{-j\theta}$$

ただし

$$|\dot{Z}| = \sqrt{R^2 + \left(\frac{1}{\omega C}\right)^2}, \qquad \theta = \tan^{-1}\frac{1}{\omega C R}$$

流れる電流 $\dot{I}$ はつぎのようになる.

$$\dot{I} = \frac{\dot{V}}{\dot{Z}} = \frac{\dot{V}}{R + 1/j\omega C}$$

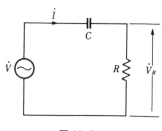

図 10・7

いま, 電圧 $\dot{V}$ を基準ベクトルにとれば, 電流 $\dot{I}$ の軌跡は $1/\dot{Z}$ の軌跡を $\dot{V}$ 倍したものになる. さらに, この電流 I を R 倍したものが $\dot{V}_R$ であるから

$$\dot{V}_R = \dot{I}R = \frac{R}{R + 1/j\omega C}\dot{V}$$

$\dot{V}_R$ のベクトル軌跡は**図10・8(a)**のようになる.

振幅特性および位相特性を同図(b), (c)に示す.

このように, CR 回路は高い周波数をよく通す性質をもっていることがわかる. ある周波数以上の高い周波数帯を通過させ, それ以下の低い周波数帯を減衰させるような特性をもつ回路を**高域フィルタ**という. $f \to \infty$ における値の $1/\sqrt{2}$ になる周波数 f_c を遮断周波数 f_c といい, $0 \sim f_c$ を**減衰域**, $f_c \sim \infty$ を**通過域**という.

$\omega = \omega_c$ においては次式のようになる.

$$R = \frac{1}{\omega C}, \qquad \frac{|\dot{V}_R|_{f_c}}{|\dot{V}_R|_{f \to \infty}} = \frac{1}{\sqrt{2}}, \qquad \theta = 45°$$

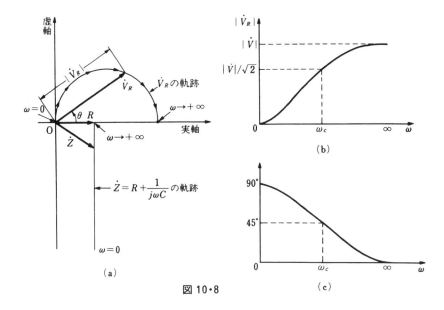

図 10・8

10章　演習問題

1　図 10・9 に示す RL 直列回路に一定電圧を加え，　抵抗 R をゼロから無限大まで変化したときの電流 $\dot{I}$ のベクトル軌跡を描きなさい．

2　図 10・10 に示す RC 直列回路に一定電圧を加え，　抵抗 R をゼロから無限大まで変化したときの電流 $\dot{I}$ のベクトル軌跡を描きなさい．

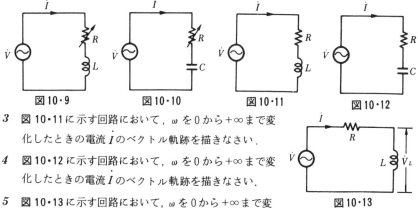

図 10・9　　　　図 10・10　　　　図 10・11　　　図 10・12

3　図 10・11 に示す回路において，ω を 0 から $+\infty$ まで変化したときの電流 $\dot{I}$ のベクトル軌跡を描きなさい．

4　図 10・12 に示す回路において，ω を 0 から $+\infty$ まで変化したときの電流 $\dot{I}$ のベクトル軌跡を描きなさい．

5　図 10・13 に示す回路において，ω を 0 から $+\infty$ まで変化したときの L の両端電圧 $\dot{V}_L$ のベクトル軌跡を描きなさい．

図 10・13

$\boldsymbol{11}$章 共振回路

11.1 直列共振

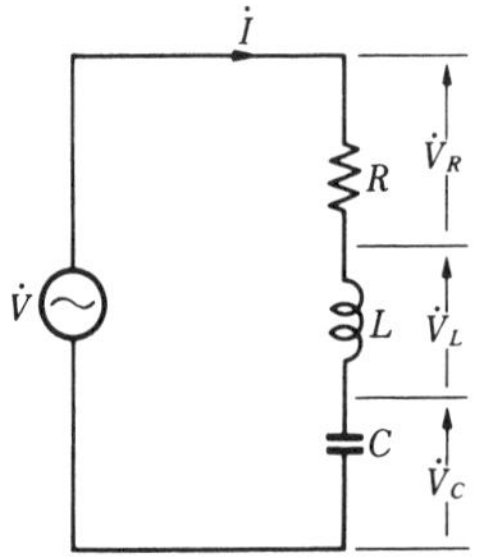

図 11・1 に示すように抵抗 R, インダクタンス L, 容量 C を直列接続した回路のインピーダンス $\dot{Z}$ は

$$\dot{Z} = R + j\left(\omega L - \frac{1}{\omega C}\right) \qquad (11\cdot1)$$

であり, リアクタンス X は

$$X = \omega L - \frac{1}{\omega C} \qquad (11\cdot2)$$

である.

周波数を 0 から ∞ まで変化した場合の X の変化を描くと, 図 11・2 のようになる.

$X = 0$ となる周波数を ω_r とすれば

$$X = \omega_r L - \frac{1}{\omega_r C} = 0$$

$$\therefore \ \omega_r = \frac{1}{\sqrt{LC}} \qquad (11\cdot3)$$

となり, $\omega = \omega_r$ において $\dot{Z} = R$ となる.

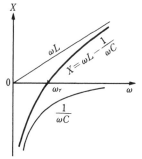

図 11・1 直列共振回路

図 11・2 X の周波数に対する変化

すなわち, 回路のインピーダンスは純抵抗となる.

$\omega < \omega_r$ では $X < 0$ となり, $\dot{Z}$ は容量性である.

$\omega = \omega_r$ では $X = 0$ となり, $\dot{Z}$ は純抵抗である.

$\omega > \omega_r$ では $X > 0$ となり, $\dot{Z}$ は誘導性である.

また, 回路の $\dot{Z}$ のベクトル軌跡は図 11・3 のようになり, $\omega = \omega_r$ においてインピーダンスは純抵抗で最小値をとることがわかる. 図 11・3 の $|\dot{Z}|$ を縦軸に, ω を横軸にとって描くと, 図 11・4 のようになる. $|Z|$ は $\omega = \omega_r$ を中心に左右非対

称である．これは図11・2に示すように，Xの変化が，$\omega < \omega_r$ と，$\omega > \omega_r$ で異なるためである．

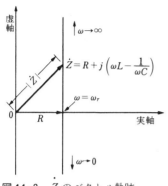

図11・3 $\dot{Z}$ のベクトル軌跡

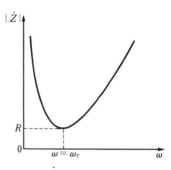

図11・4 $|\dot{Z}|$ の周波数に対する変化

回路に流れる電流 $\dot{I}$ は

$$\dot{I} = \frac{\dot{V}}{\dot{Z}} = \frac{\dot{V}}{R + j\left(\omega L - \dfrac{1}{\omega C}\right)} = \frac{\dot{V}}{\sqrt{R^2 + \left(\omega L - \dfrac{1}{\omega C}\right)^2}}\, e^{-j\theta}$$

ただし，$\theta = \tan^{-1} \dfrac{\omega L - 1/\omega C}{R}$

$$\therefore\ |\dot{I}| = \frac{|\dot{V}|}{\sqrt{R^2 + \left(\omega L - \dfrac{1}{\omega C}\right)^2}} \tag{11・4}$$

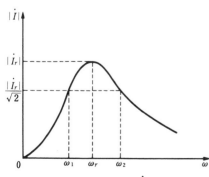

図11・5 直列共振回路の $|\dot{I}|$
の周波数に対する変化

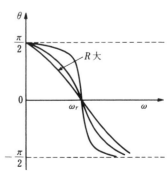

図11・6 直列共振回路の ω に対する電流の位相角

となり，$|\dot{I}|$ の ω に対する変化は**図11・5**のようになる.

また，ω に対する電流の位相角は**図11・6**のようになり

$\omega < \omega_r$ では $X < 0$ となり，容量性で，電流は電圧より進む.

$\omega = \omega_r$ では $X = 0$ となり，純抵抗で，電流は電圧と同相.

$\omega > \omega_r$ では $X > 0$ となり，誘導性で，電流は電圧より遅れる.

$\omega = \omega_r$ における電流 $|\dot{I}_r|$ は式（11・4）より

$$|\dot{I}_r| = \frac{|\dot{V}|}{R} \tag{11・5}$$

となり，最大値をとる.

このように，$\omega = \omega_r$ において，電流は電圧と同相となり最大値をとる現象を**直列共振**（series resonance）といい，ω_r を**共振角周波数**（resonance angular frequency），$f_r = \omega_r / 2\pi = 1 / 2\pi \sqrt{LC}$ を**共振周波数**（resonance frequency），図11・5の曲線を**共振曲線**（resonance curve）という.

●共振回路のQ

共振時 $\omega = \omega_r$ における R, L, C の端子電圧をそれぞれ，$\dot{V}_R$，$\dot{V}_L$，$\dot{V}_C$ とすれば

$$\dot{V}_R = R\dot{I}_r = R\frac{\dot{V}}{R} = \dot{V}$$

$$\dot{V}_L = j\omega_r L\dot{I}_r = j\omega_r L\frac{\dot{V}}{R} = j\frac{\omega_r L}{R}\dot{V} = jQ\dot{V} \tag{11・6}$$

$$\dot{V}_C = -j\frac{1}{\omega_r C}\dot{I}_r = -j\frac{1}{\omega_r C}\frac{\dot{V}}{R} = -j\frac{1}{\omega_r CR}\dot{V} = -jQ\dot{V}$$

となる.ここで

$$Q = \frac{\omega_r L}{R} = \frac{1}{\omega_r CR} \tag{11・7}$$

で定義される Q を**共振回路のQ**（quality factor）という.

R の両端には，電源電圧 $\dot{V}$ がそのまま現れ，インダクタンス L とコンデンサ C の両端には電源電圧の Q 倍の電圧が現れ，互いに逆位相となっていることがわかる.Q を**電圧拡大率**ということがある.電圧と電流のベクトル図を描くと，**図11・7**のようになる.

●帯域幅*B*

図 11・5 に示す電流曲線において, 電流の大きさが共振時の値の $1/\sqrt{2}$ になる周波数を求めてみよう.

$$
\left.\begin{array}{l}
|\dot{I}| = \dfrac{|\dot{V}|}{\sqrt{R^2 + \left(\omega L - \dfrac{1}{\omega C}\right)^2}} \\[5mm]
|\dot{I_r}| = \dfrac{|\dot{V}|}{R}
\end{array}\right\} \qquad (11 \cdot 8)
$$

より

$$
\frac{1}{\sqrt{2}} \frac{|\dot{V}|}{R} = \frac{|\dot{V}|}{\sqrt{R^2 + \left(\omega L - \dfrac{1}{\omega C}\right)^2}}
$$

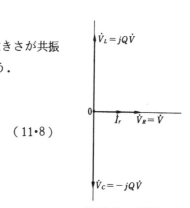

図11・7 共振時における電圧と電流のベクトル図

$$
2R^2 = R^2 + \left(\omega L - \frac{1}{\omega C}\right)^2 \quad \therefore\ \omega L - \frac{1}{\omega C} = \pm R \qquad (11 \cdot 9)
$$

を満足する ω で与えられる.

式 (11・9) より, つぎのような ω に関する 2 次方程式が得られる.

$$
\omega^2 \pm \frac{R}{L}\omega - \frac{1}{LC} = 0 \qquad (11 \cdot 10)
$$

式 (11・10) を解くと

$$
\omega = \frac{\pm \dfrac{R}{L} \pm \sqrt{\left(\dfrac{R}{L}\right)^2 + 4\dfrac{1}{LC}}}{2}
\left\{
\begin{array}{l}
\omega_a = \dfrac{-\dfrac{R}{L} + \sqrt{\left(\dfrac{R}{L}\right)^2 + 4\dfrac{1}{LC}}}{2} \\[7mm]
\omega_b = \dfrac{-\dfrac{R}{L} - \sqrt{\left(\dfrac{R}{L}\right)^2 + 4\dfrac{1}{LC}}}{2} \\[7mm]
\omega_c = \dfrac{\dfrac{R}{L} + \sqrt{\left(\dfrac{R}{L}\right)^2 + 4\dfrac{1}{LC}}}{2} \\[7mm]
\omega_d = \dfrac{\dfrac{R}{L} - \sqrt{\left(\dfrac{R}{L}\right)^2 + 4\dfrac{1}{LC}}}{2}
\end{array}
\right. \qquad (11 \cdot 11)
$$

となる．この4根のうち，ω_b と ω_d は負の値となるので不適当であり，したがって，求める ω は

$$\left.\begin{array}{l} \omega_1 = \omega_a = \dfrac{-\dfrac{R}{L} + \sqrt{\left(\dfrac{R}{L}\right)^2 + 4\,\dfrac{1}{LC}}}{2} \\[3em] \omega_2 = \omega_c = \dfrac{\dfrac{R}{L} + \sqrt{\left(\dfrac{R}{L}\right)^2 + 4\,\dfrac{1}{LC}}}{2} \end{array}\right\} \qquad (11\cdot12)$$

で与えられる．

　共振電流の $1/\sqrt{2}$ になるような周波数の幅を**帯域幅**（band width），または**半値幅**（電力ではこの周波数で共振時の半分になるため）という．

$$f_2 - f_1 = B \quad (\text{ただし，} f_1 = \omega_1/2\pi, \quad f_2 = \omega_2/2\pi) \qquad (11\cdot13)$$

式（11・12）より

$$\omega_2 - \omega_1 = \frac{R}{L} \qquad\qquad (11\cdot14)$$

式（11・14）と（11・7）より

またば
$$\left.\begin{array}{l} Q = \dfrac{\omega_r L}{R} = \dfrac{\omega_r}{\omega_2 - \omega_1} = \dfrac{f_r}{f_2 - f_1} = \dfrac{f_r}{B} \\[2em] B = \dfrac{f_r}{Q} \end{array}\right\} \qquad (11\cdot15)$$

の関係式をうる．

　R の値が小さければ Q は大きくなり，帯域幅は狭く共振曲線は鋭くなる．この様子を**図11・8**に示す．このように Q は共振の鋭さを表わしていることがわかる．また，共振曲線が鋭いということは回路の周波数選択度が高いということであり，このような意味で，Q のことを**尖鋭度**あるいは**選択度**という．

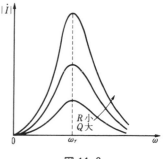

図 11・8

> **例題 11・1** **図11・9**に示す直列共振回路において，共振周波数 f_r でインピーダンス $|\dot{Z}|$ が最小となることを示せ.

解説 **解答例1**

共振回路のインピーダンス Z は

$$\dot{Z} = R + j\left(\omega L - \frac{1}{\omega C}\right)$$

$$\therefore \ |\dot{Z}| = \sqrt{R^2 + \left(\omega L - \frac{1}{\omega C}\right)^2} \qquad ①$$

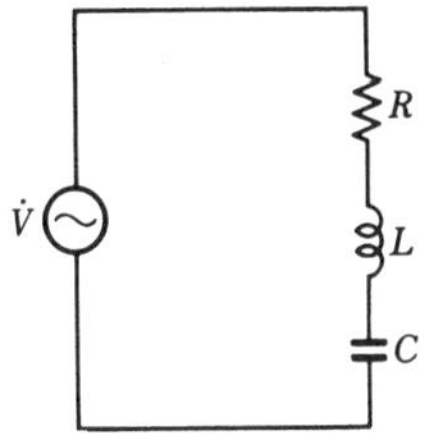

である. 式①のルート内を y とおくと

$$y = R^2 + \left(\omega L - \frac{1}{\omega C}\right)^2$$

この y の値が最小となれば $|\dot{Z}|$ も最小となる.

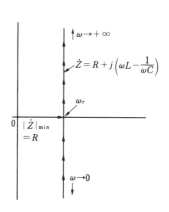

図 11・9 直列共振回路

$$\frac{dy}{d\omega} = 2\omega L^2 - 2\frac{1}{\omega^3 C^2} \qquad \therefore \ \omega^2 L^2 - \frac{1}{\omega^2 C^2} = 0$$

$$\therefore \ \omega L = \frac{1}{\omega C} \quad \text{すなわち} \quad \omega_r = \frac{1}{\sqrt{LC}} \ , \quad f_r = \frac{1}{2\pi\sqrt{LC}} \qquad ②$$

$$\frac{d^2 y}{d\omega^2} = 2L^2 + 6\frac{1}{\omega^4 C^2} > 0$$

であるから，y は式②の条件を満足するとき極小値
（最小値）をもつことになる. したがって，$|\dot{Z}|$ の
最小値は式②の条件を式①へ代入して

$$|\dot{Z}|_{\min} = R \qquad ③$$

となる. したがって，$|\dot{Z}|$ が最小値となる周波数
（共振周波数 f_r）において電流は最大値となる.

$$|\dot{I_r}| = \frac{|\dot{V}|}{|\dot{Z}|_{\min}} = \frac{|\dot{V}|}{R} \qquad ④$$

解答例2

回路のインピーダンス $\dot{Z}$ のベクトル軌跡を描く
と，**図11・10**に示すようになる.

$\omega L - 1/\omega C = 0$ となる周波数 ω_r（共振角周波数）

図 11・10 $\dot{Z}$ のベクトル軌跡

において，$|\dot{Z}|$ は最小値 R で純抵抗となることがわかる．

例題 11·12　図 11·11 に示す直列共振回路の共振周波数 f_r を求めよ．

解説　式（11·3）の $\omega_r = 2\pi f_r = 1/\sqrt{LC}$ から

$$f_r = \frac{1}{2\pi \sqrt{LC}} = \frac{1}{2\pi \sqrt{1 \times 10^{-3} \times 10 \times 10^{-6}}}$$

$$= \frac{1}{2\pi \sqrt{10^{-8}}} = \frac{1}{2\pi \times 10^{-4}} = \frac{10^4}{2\pi}$$

$$\fallingdotseq 1\,592\,(\text{Hz})$$

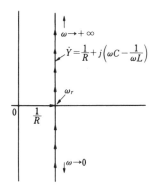

0.5〔Ω〕

1〔mH〕

10〔µF〕

図 11·11

11.2　並列共振

並列共振回路には，**図 11·12** に示すように 2 種類の回路が考えられる．

（1）　図 11·12（a）に示す並列共振回路のアドミタンス $\dot{Y}$ は

$$\dot{Y} = \frac{1}{R} + j\left(\omega C - \frac{1}{\omega L}\right) \tag{11·16}$$

である．アドミタンス軌跡は**図 11·13** に示すようになる．$\omega C - 1/\omega L = 0$ となる角周波数 $\omega_r = 1/\sqrt{LC}$ において $\dot{Y}$ は

$$\dot{Y} = \frac{1}{R} \tag{11·17}$$

となり，最小値で純コンダクタンスとなる．

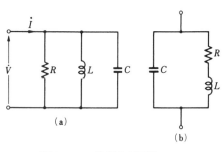

（a）

（b）

図 11·12　並列共振回路

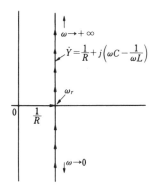

$\omega \to +\infty$

$\dot{Y} = \frac{1}{R} + j\left(\omega C - \frac{1}{\omega L}\right)$

ω_r

0　$\frac{1}{R}$

$\omega \to 0$

図 11·13　アドミタンス軌跡

回路に流れる電流 $\dot{I}$ は．

$$\dot{I} = \dot{Y}\dot{V} = \left\{ \frac{1}{R} + j\left(\omega C - \frac{1}{\omega L} \right) \right\} \dot{V}$$

$$\therefore |\dot{I}| = \sqrt{ \left(\frac{1}{R} \right)^2 + \left(\omega C - \frac{1}{\omega L} \right)^2 } \, |\dot{V}| \qquad (11 \cdot 18)$$

ω_r においては

$$|\dot{I}_r| = \frac{|\dot{V}|}{R} \qquad (11 \cdot 19)$$

となり，最小値で，電圧と電流は同相となる．

この現象を**並列共振**（parallel resonance）といい，ω_r を共振角周波数，$f_r = \omega_r / 2\pi$ を共振周波数という．

直列共振回路では，ω_r において，$|\dot{Z}|$ は最小（$|\dot{Y}|$ は最大）で電流は最大であったが，図（a）の並列共振回路では，ω_r において，$|\dot{Y}|$ は最小（$|\dot{Z}|$ は最大）で電流は最小となる．

（2） 図 11・12（b）に示す並列共振回路のアドミタンス $\dot{Y}$ を求めると

$$\dot{Y} = j\omega C + \frac{1}{R + j\omega L}$$

$$= \frac{R}{R^2 + (\omega L)^2} + j\left(\omega C - \frac{\omega L}{R^2 + (\omega L)^2} \right) \qquad (11 \cdot 20)$$

式（11・20）のサセプタンスが 0 になる角周波数 ω_r は

$$\omega_r C - \frac{\omega_r L}{R^2 + (\omega_r L)^2} = 0 \quad \therefore \omega_r = \sqrt{ \frac{1}{LC} - \left(\frac{R}{L} \right)^2 } \qquad (11 \cdot 21)$$

式（11・21）を式（11・20）に代入すれば，$\omega = \omega_r$ において $\dot{Y}$ は

$$\dot{Y} = \frac{R}{R^2 + L^2 \left\{ \frac{1}{LC} - \left(\frac{R}{L} \right)^2 \right\}}$$

$$= \frac{R}{R^2 + \dfrac{L}{C} - R^2} = \frac{CR}{L} \qquad (11 \cdot 22)$$

となり，純コンダクタンスとなる．

アドミタンス軌跡は**図 11・14** に示すようになる．図のように，$\omega = \omega_r$ となる

角周波数と，$|\dot{Y}|_{min}$ となる角周波数が異なる．したがって，$\omega = \omega_r$ となる角周波数では，加えた電圧と回路を流れる電流は同相となるが，電流はこの角周波数で最小とはならない．

$|\dot{Y}|_{min}$ となる角周波数 ω_0 を求めると，式（11·20）より

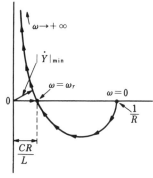

$$\dot{Y} = j\omega C + \frac{1}{R + j\omega L}$$

図11·14 アドミタンス軌跡

$$|\dot{Y}| = \sqrt{\left(\frac{R}{R^2 + (\omega L)^2}\right)^2 + \left(\omega C - \frac{\omega L}{R^2 + (\omega L)^2}\right)^2} \qquad (11\cdot23)$$

$$= \sqrt{\frac{\omega^2 C^2 R^2 + (\omega^2 LC - 1)^2}{R^2 + (\omega L)^2}} \qquad (11\cdot24)$$

上式のルート内を y とおくと

$$y = \frac{\omega^2 C^2 R^2 + (\omega^2 LC - 1)^2}{R^2 + (\omega L)^2}$$

この y の値が最小となれば $|\dot{Y}|$ も最小となる．

$$\frac{dy}{d\omega} = \frac{\{2\omega C^2 R^2 + 2(\omega^2 LC - 1)2\omega LC\}(R^2 + \omega^2 L^2) - *}{\{R^2 + (\omega L)^2\}^2}$$

$$* \{\omega^2 C^2 R^2 + (\omega^2 LC - 1)^2\} 2\omega L^2$$

$$= 0$$

$$\omega^4 + 2\left(\frac{R}{L}\right)^2 \omega^2 + \left(\frac{R}{L}\right)^4 - \frac{2R^2}{CL^3} - \frac{1}{L^2 C^2} = 0$$

$$\omega_0^2 = \frac{1}{LC}\sqrt{2R^2 \frac{C}{L} + 1} - \left(\frac{R}{L}\right)^2 \qquad (11\cdot25)$$

$$\therefore \omega_0 = \sqrt{\frac{1}{LC}\sqrt{2R^2 \frac{C}{L} + 1} - \left(\frac{R}{L}\right)^2} \qquad (11\cdot26)$$

式（11・26）の ω_0 は，式（11・21）の ω_r とは異なっている．ただし，R が ωL に比べて小さい場合には，近似的に両者は等しいとみなしうる．

$$\omega_0 \fallingdotseq \sqrt{\frac{1}{LC} - \left(\frac{R}{L}\right)^2} = \omega_r \qquad (11\cdot27)$$

もし，R が大きくなり，式（11・21）において

$$\frac{1}{LC} - \frac{R^2}{L^2} < 0 \qquad \therefore \ R^2 > \frac{L}{C} \qquad (11\cdot28)$$

となると ω_r は虚数となり，$\dot{Y}$ のサセプタンスが0となる周波数は存在しないことになる．したがって，並列共振回路の抵抗 R は

$$R^2 < \frac{L}{C} \qquad (11\cdot29)$$

を満足している必要がある．R が小さい場合，$\dot{Y}$ は純コンダクタンスとなり，電圧と電流は同相で，その大きさは最小値をとる．この値はつぎのようになる．

$$\dot{I} = \dot{Y}\dot{V} = \frac{CR}{L}\dot{V} \qquad (11\cdot30)$$

この現象を並列共振といい，ω_r を並列共振角周波数，$f_r = \omega_r / 2\pi$ を並列共振周波数という．R が小さい場合，式（11・21）より

$$\omega_r \fallingdotseq \frac{1}{\sqrt{LC}}, \qquad f_r = \frac{1}{2\pi\sqrt{LC}} \qquad (11\cdot31)$$

となり，同じ素子で構成した直列共振回路の共振周波数と一致する．

例題 11・3　図 11・15 に示す並列共振回路の共振周波数 f_r を求めよ．

解説　式（11・31）より

$$f_r = \frac{1}{2\pi\sqrt{LC}}$$

$$= \frac{1}{2\pi\sqrt{1\times10^{-3}\times0.1\times10^{-6}}}$$

$$= \frac{1}{2\pi\sqrt{10^{-10}}} = \frac{10^5}{2\pi} \fallingdotseq 15\,924\ \text{(Hz)}$$

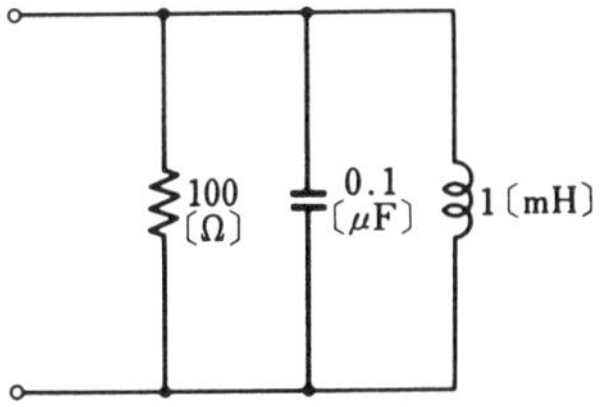

図 11・15

例題 11・4　図 11・16 に示す並列共振回路の共振周波数 f_r を求めよ．

解説　式（11・31）より

$$f_r = \frac{1}{2\pi\sqrt{LC}}$$

$$= \frac{1}{2\pi\sqrt{0.1\times10^{-3}\times1\times10^{-6}}}$$

$$= \frac{1}{2\pi\sqrt{10^{-10}}} = \frac{10^5}{2\pi} \fallingdotseq 15\,924\,\text{(Hz)} \qquad ①$$

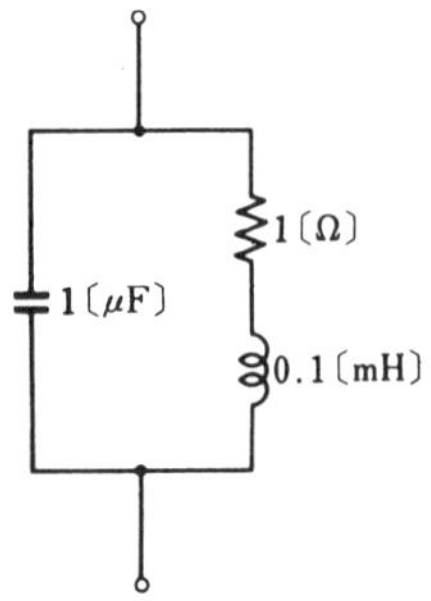

$\dot{Y}$ のサセプタンスが 0 となる周波数 f_r' は

$$f_r' = \frac{1}{2\pi}\sqrt{\frac{1}{LC}-\left(\frac{R}{L}\right)^2}$$

$$= \frac{1}{2\pi}\sqrt{\frac{1}{0.1\times10^{-3}\times1\times10^{-6}}-\left(\frac{1}{10^{-4}}\right)^2} = \frac{1}{2\pi}\sqrt{10^{10}-10^8}$$

$$\fallingdotseq 15\,844\,\text{(Hz)} \qquad\qquad\qquad ②$$

$|Y|$ が最小となる周波数 f_0 は

$$f_0 = \frac{1}{2\pi}\sqrt{\frac{1}{LC}\sqrt{2R^2\frac{C}{L}+1}-\left(\frac{R}{L}\right)^2}$$

$$= \frac{1}{2\pi}\sqrt{\frac{1}{0.1\times10^{-3}\times1\times10^{-6}}\sqrt{2\times1\times\frac{1\times10^{-6}}{0.1\times10^{-3}}+1}-\left(\frac{1}{10^{-4}}\right)^2}$$

図 11・16

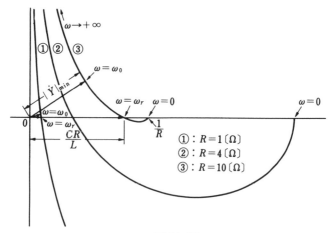

図 11・17

$$= \frac{1}{2\pi}\sqrt{10^{10}\sqrt{2\times10^{-2}+1}-10^8}$$

$$= \frac{1}{2\pi}10^4\sqrt{10^2\sqrt{1.02}-1} \fallingdotseq 15\,923\,\text{[Hz]} \qquad ③$$

式①，②，③に示すように，抵抗 R が小さいと各周波数はほぼ等しい値となり，$R=0$ の状態で式①の値となる．

図11・17は，L と C の値はそのままで，R の値を1〔Ω〕，4〔Ω〕，10〔Ω〕と変えたときのアドミタンス軌跡である．この軌跡からもわかるように，R の値が小さいほど ω_0 と ω_r の差が小さくなっている．

11.3　回路素子の Q

（1）　コイルの Q

実際のコイルにはエネルギーの損失があり，わずかながら抵抗分をもっている．図11・18（a）は理想的なコイルを示している．実際には，図（b）に示すように，L と抵抗 R を直列に接続した状態で表わされる（並列接続で考える場合もある）．

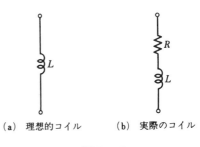

(a) 理想的コイル　　(b) 実際のコイル

図11・18

　　　理想的コイルのインピーダンス $\dot{Z}=j\omega L$
　　　実際のコイルのインピーダンス $\dot{Z}=R+j\omega L$

したがって，良いコイルということは，R が ωL に比べて小さいということで，コイルの良さを表わす指数として Q_L（quality factor）を用いると，コイルの Q_L はつぎのように定義される．

$$Q_L=\frac{\omega L}{R} \quad \text{（一般に，直列接続では }Q=X/R\text{ と定義される）} \quad (11\cdot32)$$

この Q は，共振回路の $Q=\omega_r L/R$ とは異なる ものであるので注意する必要がある（後述する）．

（2）　コンデンサの Q

実際のコンデンサもわずかながら抵抗分をもっている．図11・19（a）は理想的

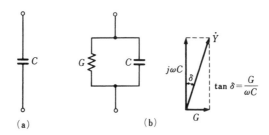

図 11・19

なコンデンサを示している．実際には図（b）に示すように，C とコンダクタンス G を並列に接続した状態で表わされる（直列接続で考える場合もある）．

理想的コンデンサのアドミタンス　$\dot{Y} = j\omega C$

実際のコンデンサのアドミタンス　$\dot{Y} = G + j\omega C$

したがって，良いコンデンサということは，G が ωC に比べて小さいということで，コンデンサの良さを表わす指数として Q_c を用いると，コンデンサの Q_c はつぎのように定義される．

$$Q_c = \frac{\omega C}{G} \quad \text{（一般に並列接続では，} Q = B/G \text{ と定義される）} \quad (11\cdot33)$$

Q_c の逆数を**損失率**（dissipation factor）d という．

$$d = \frac{G}{\omega C}$$

損失率は誘電体の損失を表わすのに用いられる．図 11・19（b）に示す δ を用いると，Q_c との間には

$$d = \tan\delta = \frac{G}{\omega C} = \frac{1}{Q_c} \ , \quad Q_c = \frac{1}{\tan\delta} \qquad (11\cdot34)$$

の関係がある．

Q_c，Q_L は ω の値によって変化するわけであるが，Q_c は通常 Q_L より大きく，大体の見当で Q_L は $200 \sim 500$，Q_c は数百以上である．

11.4 抵抗とリアクタンスの直並列等価変換

（1）直列→並列

図 11・20（a）と等価な（b）の回路のインピーダンスを求めてみよう．両回路のア

ドミタンスは

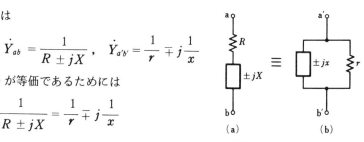

$$\dot{Y}_{ab} = \frac{1}{R \pm jX} , \quad \dot{Y}_{a'b'} = \frac{1}{r} \mp j\frac{1}{x}$$

（a）と（b）が等価であるためには

$$\frac{1}{R \pm jX} = \frac{1}{r} \mp j\frac{1}{x}$$

$$\frac{R}{R^2 + X^2} \mp j\,\frac{X}{R^2 + X^2} = \frac{1}{r} \mp j\frac{1}{x}$$

図11·20 直列→並列

$$\therefore\ r = \frac{R^2 + X^2}{R} , \quad x = \frac{R^2 + X^2}{X}$$

ここで

$$X \gg R \quad または \quad Q \gg 1 \ なら \quad (Q = X/R)$$

$$r = \frac{X^2}{R} = QX , \quad x = \frac{X^2}{X} = X \qquad\qquad (11\cdot35)$$

となる.

（2） 並列→直列

図11·21（a）と等価な（b）の回路のインピー
ダンスは

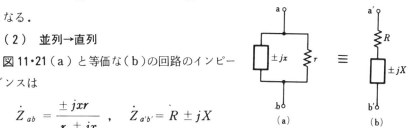

$$\dot{Z}_{ab} = \frac{\pm jxr}{r \pm jx} , \quad \dot{Z}_{a'b'} = R \pm jX$$

（a）と（b）が等価であるためには

図11·21 並列→直列

$$\frac{\pm jxr}{r \pm jx} = R \pm jX , \quad \frac{x^2 r}{r^2 + x^2} \pm j\,\frac{xr^2}{r^2 + x^2} = R \pm jX$$

$$\therefore\ R = \frac{x^2 r}{r^2 + x^2} , \quad X = \frac{xr^2}{r^2 + x^2}$$

ここで,

$$r \gg x \quad または \quad Q \gg 1 \ なら \quad \left(Q = \frac{B}{G}\right)$$

$$R = \frac{x^2 r}{r^2} = \frac{x}{Q} , \quad X = \frac{xr^2}{r^2} = x \qquad\qquad (11\cdot36)$$

となる.

例題 11・5 図 11・22 に示す回路を並列回路に等価変換せよ.

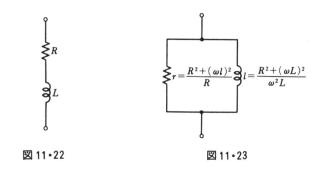

図 11・22 　　　　　　図 11・23

$$r = \frac{R^2 + (\omega L)^2}{R} \qquad ①$$

$$\omega l = \frac{R^2 + (\omega L)^2}{\omega L} \qquad ②$$

$$\therefore l = \frac{R^2 + (\omega L)^2}{\omega^2 L} \qquad ③$$

したがって, **図 11・23** の回路に等価変換される. ここで, 図 11・22 の回路の Q は

$$Q_1 = \frac{X}{R} = \frac{\omega L}{R} \qquad ④$$

図 11・23 の回路の Q は

$$Q_2 = \frac{B}{G} = \frac{\omega L}{R^2 + (\omega L)^2} \; \frac{R^2 + (\omega L)^2}{R}$$

$$= \frac{\omega L}{R} \qquad ⑤$$

となり, 図 11・22 の回路の Q と, 等価変換した図 11・23 の回路の Q が等しいのは当然である.

11.5 共振回路の構成

(1) 直列共振回路

回路素子を接続して直列共振回路をつくってみよう.

コイル L とコンデンサ C を直列接続すると, **図 11・25**（a）に示すようになる.

R_L はコイルの抵抗分で，G_c はコンデンサのコンダクタンス分である．コンデンサ C に並列なコンダクタンス G_c を，C と直列に等価変換すると図（b）となる．したがって，直列共振回路の抵抗 R は

$$R = R_L + R_c \tag{11・37}$$

であり，回路素子として接続したものではない．

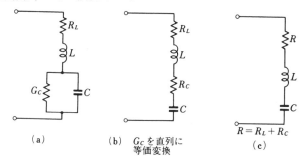

（a）　　　（b）　G_c を直列に
　　　　　　　　等価変換　　　$R = R_L + R_c$
　　　　　　　　　　　　　　　　（c）

図 11・25　直列共振回路

（2）　並列共振回路

コイル L とコンデンサ C を並列接続すると，**図 11・26（a）** に示すようになる．コイル L に直列な抵抗 R_L を，L と並列に等価変換すると図（b）となる．ここで，R_c と r_L の並列合成抵抗を r とすれば

$$r = \frac{r_L R_c}{r_L + R_c} \tag{11・38}$$

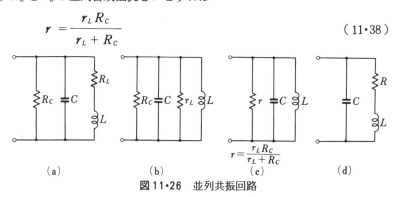

（a）　　　（b）　　　（c）　　　（d）

図 11・26　並列共振回路

図（c）に示す並列共振回路となる．さらに，同図の r を，L と直列に等価変換すれば図（d）に示す並列共振回路となる．

このように，共振回路の抵抗は，コイルとコンデンサの損失分（抵抗）の合成となっていることがわかる．

> **例題 11·6**   直列共振回路において，コイルとコンデンサの Q を Q_L および
> Q_c とすれば，共振回路の Q は
> $$\frac{1}{Q} = \frac{1}{Q_L} + \frac{1}{Q_c}$$
> となることを証明せよ．

解説   共振回路の抵抗 R は

$$R = R_L + R_c \tag{①}$$

である．共振周波数におけるコイルおよびコンデンサの Q は

$$\left.\begin{array}{l} Q_L = \dfrac{\omega_r L}{R_L} \cdot \quad \therefore \ R_L = \dfrac{\omega_r L}{Q_L} = \dfrac{X_L}{Q_L} \\[3mm] Q_c = \dfrac{1}{\omega_r C R_c} \quad \therefore \ R_c = \dfrac{1}{\omega_r C Q_c} = \dfrac{X_c}{Q_c} \end{array}\right\} \tag{②}$$

共振時において，$\omega_r L = 1/\omega_r C$ であるから

$$X_L = X_c = X$$

とおけば，式①，②より

$$R = \frac{X}{Q_L} + \frac{X}{Q_c} = X\left(\frac{1}{Q_L} + \frac{1}{Q_c}\right)$$

$$\therefore \ \frac{R}{X} = \frac{1}{Q_L} + \frac{1}{Q_c} \tag{③}$$

ここで，X/R は共振回路の Q であるので

$$\frac{1}{Q} = \frac{1}{Q_L} + \frac{1}{Q_c}$$

となる．

　このように，共振回路の Q と，回路素子としての Q は異なることに注意する必要がある．

11章　演習問題

1　図11・27 に示す回路における共振周波数を求めよ．また，共振周波数における $\dot{V_R}$，$\dot{V_L}$，$\dot{V_C}$ を求めよ．ただし，$R = 20$ 〔Ω〕，$L = 10$ 〔mH〕，$C = 1.59$ 〔μF〕とする．

2　図11・28 に示す回路の共振周波数を求め，共振時における $|\dot{I}|$ を求めよ．

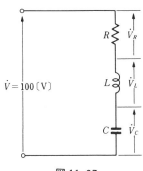

図 11・27

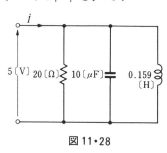

図 11・28

3　図11・29に示す回路のインダクタンス L および共振時の $|\dot{I_C}|$ を求めよ．ただし，並列共振回路の Q を200，並列共振周波数を100〔kHz〕，$G = 0.5$ 〔S〕，$|\dot{I}| = 5$ 〔mA〕とする．

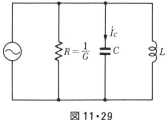

図 11・29

4　コイルの Q を300，コンデンサの Q を700 とする直列共振回路の Q を求めよ．

5　図11・30に示す並列共振回路のコイルの Q を Q_L，コンデンサの Q を Q_C とするとき，並列共振回路の Q が

$$\frac{1}{Q} = \frac{1}{Q_L} + \frac{1}{Q_C}$$

となることを証明せよ．

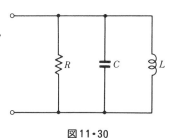

図11・30

6　直列共振回路において，抵抗 $R = 10$ 〔Ω〕，共振周波数 $f_r = 1$ 〔MHz〕，共振回路の Q を100とするとき，インダクタンス L およびコンデンサ C の値を求めよ．

7　直列共振回路において，抵抗が10〔Ω〕のときの帯域幅が1〔kHz〕であった．この回路に抵抗 R を直列に接続して帯域幅を3〔kHz〕にしたい．いくらの抵抗を接続した

らよいか.

8 図11・31に示す並列共振回路において，*L*，*r* 直列回路を並列変換して，AB 間のインピーダンスが純抵抗となる角周波数 ω_r および *Q* を求めよ.

9 図11・32に示す並列共振回路の *Q* は 150 であった．この回路の *Q* を 100 にするためには，AB 間にいくらの抵抗 *R* を接続してやればよいか．ただし，共振周波数を455〔kHz〕，$L = 1$〔mH〕とする.

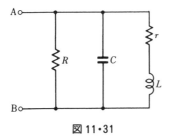

図 11・31

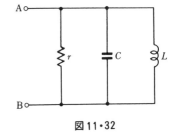

図 11・32

12 章　交 流 の 電 力

12.1　瞬 時 電 力

　直流の電力は，電圧と電流の積で求められたが，交流の電力は，電圧 v と電流 i の間に位相差があり，大きさも時間により変化しているので簡単には求まらない．

　いま，電圧

$$v(t) = \sqrt{2}\,|\dot{V}|\sin\omega t \tag{12・1}$$

を回路に加えたとき，流れる電流を

$$i(t) = \sqrt{2}\,|\dot{I}|\sin(\omega t + \theta) \tag{12・2}$$

とすると

$$p(t) = v(t) \times i(t) \tag{12・3}$$

を回路に供給される**瞬時電力**という．瞬時電力 $p(t)$ は

$$p(t) = v(t)i(t) = \sqrt{2}\,|\dot{V}|\sin\omega t \times \sqrt{2}\,|\dot{I}|\sin(\omega t + \theta)$$
$$= |\dot{V}||\dot{I}|\{\cos\theta - \cos(2\omega t + \theta)\} \tag{12・4}$$

となる．

　$v(t),\,i(t)$ および $p(t)$ の関係を示すと，**図12・1** のようになる．式（12・4）および図12・1 からわかるように，$p(t)$ の角速度は 2ω であり，$v(t)$，$i(t)$ の2倍の速さで変化する．また，$p(t)$ の値は，1周期を通じて $p(t) > 0$ の時間と，$p(t) < 0$ の時間がある．

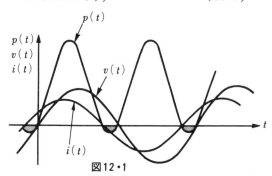

図12・1

例題 12・1　回路が単一の抵抗素子の瞬時電力 $p_R(t)$ を求めよ．

解説 この場合，電圧と電流は同相である．したがって，式（12・4）で $\theta = 0$ とおけば

$$p_R(t) = |\dot{V}||\dot{I}|\{1 - \cos 2\omega t\} \geqq 0$$

となる．$p_R(t) \geqq 0$ ということは，回路が常に電力の供給を受けているということである．すなわち，抵抗はエネルギーを消費する素子である．$v(t)$，$i(t)$，$p(t)$ の関係を図12・3に示す．

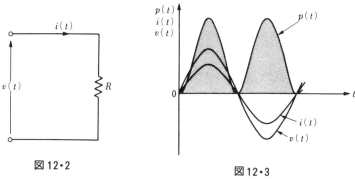

図12・2

図12・3

例題12・2 回路が単一のインダクタンス素子の瞬時電力 $p_L(t)$ を求めよ．

解説 この場合，電流 $i(t)$ は，電圧 $v(t)$ より位相が $\pi/2$ 遅れる．したがって，式（12・4）で $\theta = -\pi/2$ とおけば

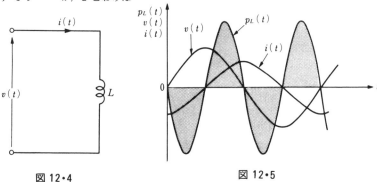

図12・4

図12・5

$$p_L(t) = |\dot{V}||\dot{I}|\left\{\cos\left(-\frac{\pi}{2}\right) - \cos\left(2\omega t - \frac{\pi}{2}\right)\right\}$$

$$= |\dot{V}||\dot{I}|\{0 - \sin 2\omega t\} = -|\dot{V}||\dot{I}|\sin 2\omega t$$

となる．

したがって，$v(t)$，$i(t)$，$p(t)$ の関係は図12・5のようになり，$p(t) > 0$ である時

間と，$p(t)<0$ である時間が相等しく生じる．このことは，$p(t)>0$ である時間に電源から回路に電力が供給され，電力を消費することなくインダクタンスの中にたくわえられ，$p(t)<0$ である時間にこれを電源に返しているのである．

例題 12・3　回路が単一の容量素子の瞬時電力 $p_c(t)$ を求めよ．

解説　この場合，電流 $i(t)$ は，電圧 $v(t)$ より位相が $\pi/2$ 進む．したがって，式（12・4）で $\theta = \pi/2$ とおけば，

$$p_c(t) = |\dot{V}||\dot{I}|\left\{\cos\frac{\pi}{2} - \cos\left(2\omega t + \frac{\pi}{2}\right)\right\}$$

$$= |\dot{V}||\dot{I}|\{0 + \sin 2\omega t\} = |\dot{V}||\dot{I}|\sin 2\omega t$$

したがって，$v(t)$，$i(t)$，$p_c(t)$ の関係は**図 12・7** のようになり，インダクタンスの場合と同様に，$p(t)>0$ である時間と，$p(t)<0$ である時間が相等しくなる．$p(t)>0$ である時間に電源から回路に供給された電力は消費されることなくコンデンサの中にたくわえられ，$p(t)<0$ である時間にこれを電源に返している．

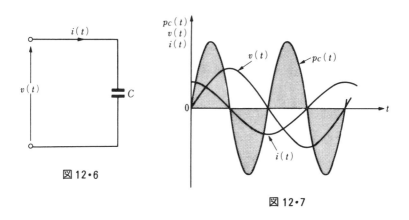

図 12・6

図 12・7

12.2　平 均 電 力

　前節で述べたように，抵抗，インダクタンス，容量によって構成されている回路では，電源から供給される電力のうち，一部は抵抗によって消費され，残りの電力はインダクタンスおよび容量にたくわえられ，これを再び電源に返している．したがって，電源から供給される電力の一部は回路に有効に利用されず，インダ

クタンスおよび容量にたくわえられる電力（無効電力）となる.

　正味，回路に供給される電力を知るには，$p(t)$ の時間平均をとればよい.式（12·4）より

$$
\begin{aligned}
P_a &= \frac{1}{T}\int_0^T p(t)\,dt \\
&= \frac{1}{T}\int_0^T |\dot{V}||\dot{I}|\,\{\cos\theta - \cos(2\omega t + \theta)\}\,dt \\
&= |\dot{V}||\dot{I}|\cos\theta \quad \text{〔W〕}
\end{aligned}
\qquad (12\cdot5)
$$

となる. この P_a を**平均電力**（average power）または**有効電力**（active power）という. 通常，単に電力といっているのは，この平均電力を指している.

◉無効電力

　抵抗 R とインダクタンス L の直列回路の場合について考えてみよう.

$$
\begin{aligned}
P(t) &= |\dot{V}||\dot{I}|\{\cos\theta - \cos(2\omega t - \theta)\} \\
&= |\dot{V}||\dot{I}|\{\cos\theta - \cos 2\omega t\cos\theta - \sin 2\omega t\sin\theta\} \\
&= |\dot{V}||\dot{I}|\cos\theta\{1 - \cos 2\omega t\} - |\dot{V}||\dot{I}|\sin\theta\sin 2\omega t
\end{aligned}
$$
$$
\text{（ただし，}\ \theta = \tan^{-1}\omega L/R\text{）} \qquad (12\cdot6)
$$

右辺の第1項の平均値は $|\dot{V}||\dot{I}|\cos\theta$ であり， この回路の有効電力を示している.

$$
\text{第2項}\quad (|\dot{V}||\dot{I}|\sin\theta)\sin 2\omega t \qquad (12\cdot7)
$$

の平均値は0であるから回路（インダクタンス）に蓄積されるエネルギーを示している.

　さて，**図12·8**より

$$
\sin\theta = \frac{\omega L}{\sqrt{R^2 + (\omega L)^2}}
$$

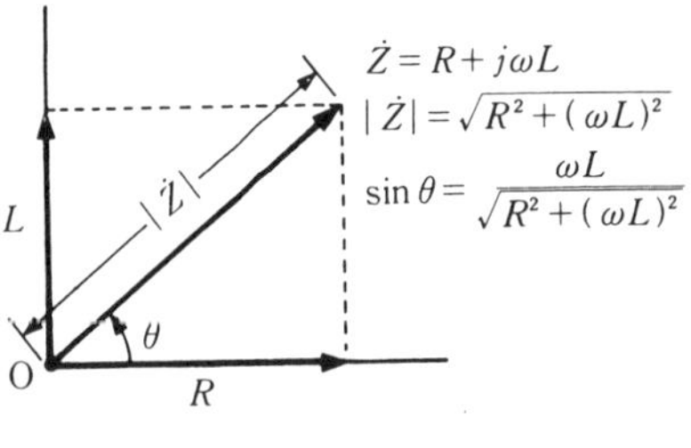

$$
\dot{Z} = R + j\omega L
$$
$$
|\dot{Z}| = \sqrt{R^2 + (\omega L)^2}
$$
$$
\sin\theta = \frac{\omega L}{\sqrt{R^2 + (\omega L)^2}}
$$

図 12·8

であるから，式（12·7）の振幅は

$$
|\dot{V}||\dot{I}|\sin\theta = |\dot{V}||\dot{I}|\frac{\omega L}{\sqrt{R^2 + (\omega L)^2}} = |\dot{I}|^2\omega L \qquad (12\cdot8)
$$

となる. 一方，インダクタンスによる電力 P_L を計算すれば

$$P_L = L\frac{di}{dt}\cdot i = 2\omega L|\dot{I}|^2\cos(\omega t - \theta)\sin(\omega t - \theta)$$

$$= \omega L|\dot{I}|^2\sin 2(\omega t - \theta) \qquad (12\cdot 9)$$

$$(ただし,\ i(t) = \sqrt{2}|\dot{I}|\sin(\omega t - \theta))$$

となり，式（12・8）はインダクタンスにたくわえられる電力の最大値を表わしていることがわかる．

このような意味で式（12・6）の第2項の振幅

$$P_r = |\dot{V}||\dot{I}|\sin\theta \qquad (12\cdot 10)$$

を**無効電力**（reactive power）と呼び，単位にはバール〔Var〕* を用いる．

無効電力はリアクタンス分に蓄積される電力である．

●**皮相電力**

電圧$|\dot{V}|$と電流$|\dot{I}|$の単なる積を**皮相電力**（apparent power）と呼び，単位にはワットではなく**ボルトアンペア**〔ＶＡ〕を用いる．

皮相電力は交流機器や電源の容量を表わすのに用いる．

皮相電力，有効電力，無効電力の間にはつぎの関係がある．

$$\{|\dot{V}||\dot{I}|\}^2 = \{|\dot{V}||\dot{I}|\cos\theta\}^2 + \{|\dot{V}||\dot{I}|\sin\theta\}^2$$

$$皮相電力 = \sqrt{(有効電力)^2 + (無効電力)^2} \qquad (12\cdot 11)$$

●**力　率** $\cos\theta$

有効電力 P_a は

$$P_a = |\dot{V}||\dot{I}|\cos\theta$$

である．この$\cos\theta$を**力率**（power factor）といい，つぎの意味をもつ．

$$\cos\theta = \frac{P_a}{|\dot{V}||\dot{I}|} = \frac{有効電力}{皮相電力} \qquad (12\cdot 12)$$

したがって

$$有効電力 = 皮相電力 \times 力率 \qquad (12\cdot 13)$$

と表わすことができる．

力率$\cos\theta$の大きさについて考えてみよう．交流回路では電圧と電流の位相差

* volt ampere reactive の略．

θ は $0°\sim90°$ の範囲になる．したがって $\cos\theta$ の値は $1\sim0$ の値となり，〔%〕で表わすことがある．位相差 θ は回路のリアクタンスの値によって決まり，リアクタンスの値が大きいほど位相差 θ は大きくなる．すなわち，回路のリアクタンスの値が大きいほど力率は小さく（悪く）なり，有効電力は小さくなる．回路のリアクタンスの値が大きいということは，リアクタンスに蓄積される電力（無効電力）が大きいということであり，回路に有効に利用される電力（有効電力）が小さくなるということである．

● **リアクタンス率** $\sin\theta$

無効電力 P_r は

$$P_r = |\dot{V}||\dot{I}|\sin\theta$$

である．この $\sin\theta$ を**リアクタンス率**（reactance factor）という．

$$\cos^2\theta + \sin^2\theta = 1 \qquad \therefore \cos\theta = \sqrt{1-\sin^2\theta} \qquad (12\cdot14)$$

であるからリアクタンス率 $\sin\theta$ が大きいほど力率 $\cos\theta$ は悪くなる．

例題 12・5 図 12・9 に示す回路の有効電力，無効電力，力率を求めよ．

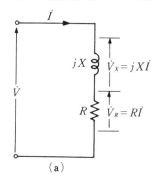

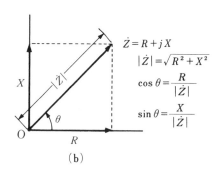

$\dot{Z} = R + jX$

$|\dot{Z}| = \sqrt{R^2 + X^2}$

$\cos\theta = \dfrac{R}{|\dot{Z}|}$

$\sin\theta = \dfrac{X}{|\dot{Z}|}$

(a)　　　　　　　　　(b)

図 12・9

解説

$$|\dot{V}| = |\dot{Z}||\dot{I}|$$

$$|\dot{I}| = \frac{|\dot{V_R}|}{R}$$

$$|\dot{I}| = \frac{|\dot{V_X}|}{X}$$

$$力率 \cos\theta = \frac{R}{|\dot{Z}|}$$

$$\text{リアクタンス率} \sin\theta = \frac{X}{|\dot{Z}|}$$

であるから

$$P_a = |\dot{V}||\dot{I}|\cos\theta \quad (\text{W}) \tag{①}$$

$$= |\dot{Z}||\dot{I}||\dot{I}|\frac{R}{|\dot{Z}|} = |\dot{I}|^2 R \quad (\text{W}) \tag{②}$$

$$= \left(\frac{|\dot{V_R}|}{R}\right)^2 R = \frac{|\dot{V_R}|^2}{R} \quad (\text{W}) \tag{③}$$

となる.

$$P_r = |\dot{V}||\dot{I}|\sin\theta \quad (\text{Var}) \tag{④}$$

$$= |\dot{Z}||\dot{I}||\dot{I}|\frac{X}{|\dot{Z}|} = |\dot{I}|^2 X \quad (\text{Var}) \tag{⑤}$$

$$= \left(\frac{|\dot{V_x}|}{X}\right)^2 X = \frac{|\dot{V_x}|^2}{X} \quad (\text{Var}) \tag{⑥}$$

問題によって，式①，②，③のうちで計算しやすい式で有効電力を，式④，⑤，⑥のうちで計算しやすい式で無効電力を求めればよい.

例題 12・6 図 12・10 に示す回路の有効電力，無効電力，力率を求めよ.

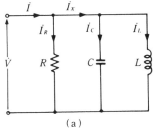

$$\dot{Y} = \frac{1}{R} + \frac{1}{j\omega L} + j\omega C \qquad \cos\theta = \frac{1/R}{|\dot{Y}|} = \frac{|\dot{Z}|}{R}$$

$$|\dot{Y}| = \sqrt{\left(\frac{1}{R}\right)^2 + \left(\omega C - \frac{1}{\omega L}\right)^2} \qquad \sin\theta = \frac{1/X}{|\dot{Y}|} = \frac{|\dot{Z}|}{X}$$

$$\text{ただし，} \frac{1}{X} = \left(\omega C - \frac{1}{\omega L}\right)$$

図 12・10 (b)

解説

$$|\dot{I}| = |\dot{Y}||\dot{V}|$$
$$|\dot{V}| = R|\dot{I_R}|$$
$$|\dot{V}| = X|\dot{I_x}|$$
$$\cos\theta = \frac{1/R}{|\dot{Y}|} = \frac{|\dot{Z}|}{R}$$

$$\sin\theta = \frac{1/X}{|\dot{Y}|} = \frac{|\dot{Z}|}{X}$$

であるから

$$P_a = |\dot{V}||\dot{I}|\cos\theta \quad \text{〔W〕} \qquad\qquad ①$$

$$= |\dot{V}||\dot{Y}||\dot{V}|\frac{1/R}{|\dot{Y}|} = \frac{|\dot{V}|^2}{R} \quad \text{〔W〕} \qquad ②$$

$$= \frac{(|\dot{I}_R|R)^2}{R} = |\dot{I}_R|^2 R \quad \text{〔W〕} \qquad ③$$

$$P_r = |\dot{V}||\dot{I}|\sin\theta \quad \text{〔Var〕} \qquad\qquad ④$$

$$= |\dot{V}||\dot{Y}||\dot{V}|\frac{1/X}{|\dot{Y}|} = \frac{|\dot{V}|^2}{X} \quad \text{〔Var〕} \qquad ⑤$$

$$= \frac{(X|\dot{I}_x|)^2}{X} = |\dot{I}_x|^2 X \quad \text{〔Var〕} \qquad ⑥$$

　問題によって，式①，②，③のうちで計算しやすい式で有効電力を，式④，⑤，⑥のうちで計算しやすい式で無効電力を求めればよい．

例題 12・7　図12・11の回路の皮相電力，有効電力，無効電力，力率を計算せよ．

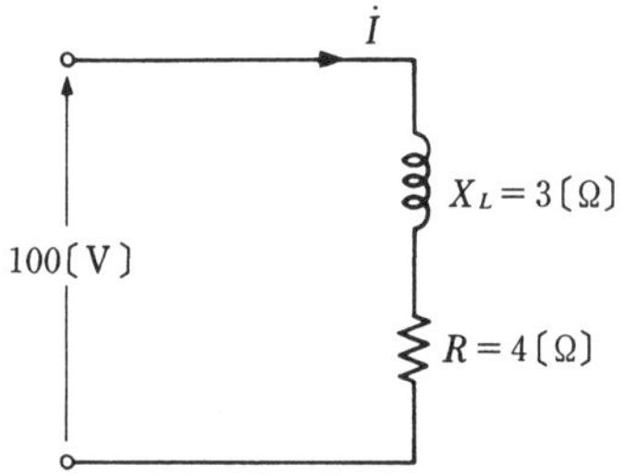

解説　回路のインピーダンス$|\dot{Z}|$は

$$|\dot{Z}| = \sqrt{R^2 + X_L^2} = \sqrt{4^2 + 3^2}$$
$$= 5 \text{〔}\Omega\text{〕}$$

回路電流$|\dot{I}|$は

$$|\dot{I}| = \frac{|\dot{V}|}{|\dot{Z}|} = \frac{100}{5} = 20 \text{〔A〕}$$

有効電力 $P_a = |\dot{I}|^2 R$
$$= 20^2 \times 4 = 1\,600 \text{〔W〕}$$

無効電力 $P_r = |\dot{I}|^2 X$
$$= 20^2 \times 3 = 1\,200 \text{〔Var〕}$$

皮相電力 $= |\dot{V}||\dot{I}|$
$$= 100 \times 20 = 2\,000 \text{〔VA〕}$$

図12・11

$$力率 \cos\theta = \frac{R}{|\dot{Z}|} = \frac{4}{5} = 0.8 \quad (80\%)$$

$$\sin\theta = \frac{X}{|\dot{Z}|}$$

$$= \frac{3}{5} = 0.6 \quad (60\%)$$

例題 12・8 図 12・12 の回路の有効電力, 無効電力, 力率を計算せよ.

解説

有効電力 $P_a = \dfrac{|\dot{V}|^2}{R}$

$$= \frac{100^2}{40} = 250 \ (\mathrm{W})$$

無効電力 $P_r = \dfrac{|\dot{V}|^2}{X}$

$$= \frac{100^2}{50} = 200 \ (\mathrm{Var})$$

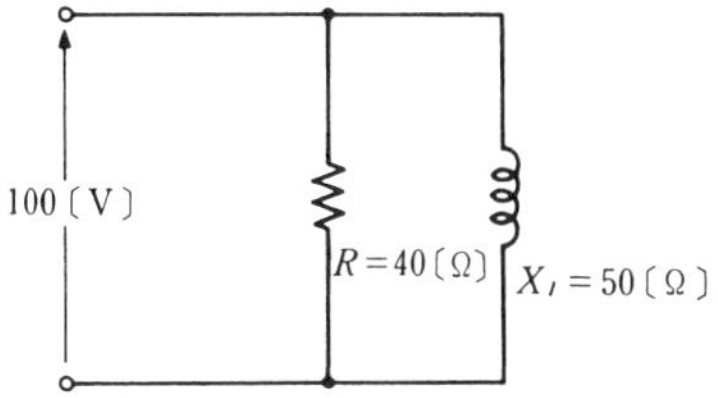

$$|\dot{Y}| = \sqrt{\left(\frac{1}{40}\right)^2 + \left(\frac{1}{50}\right)^2} = \frac{\sqrt{41}}{200}$$

$$\therefore \cos\theta = \frac{1/R}{|\dot{Y}|} = \frac{|\dot{Z}|}{R} = \frac{200}{40\sqrt{41}} = \frac{5}{\sqrt{41}} \fallingdotseq 0.78 \quad (78\%)$$

100〔V〕　$R = 40〔\Omega〕$　$X_l = 50〔\Omega〕$

図 12・12

例題 12・9 図 12・13 に示すように, 負荷電力 P_a〔W〕, 力率 $\cos\theta$, 負荷電流 $\dot{I}$〔A〕の負荷に並列に C〔F〕のコンデンサを接続して, この回路の合成力率を 100〔%〕にするには, C の値をいくらにしたらよいか.

解説 電圧と電流のベクトル図を描くと**図12・14**のようになる.

コンデンサに流れる電流 I_c と負荷の電流 $\dot{I}_L$ のベクトル和が合成電流になる. この合成電流 $\dot{I}$ が電圧 $\dot{V}$ と同相となるように C の値を決めればよい. 図より

$$|\dot{I}_c| = |\dot{I}_L| \sin\theta \qquad ①$$

となる. 一方, コンデンサ C に流れる電流 $|\dot{I}_c|$ は

$$|\dot{I}_c| = \frac{|\dot{V}|}{1/\omega C} = \omega C |\dot{V}| \qquad ②$$

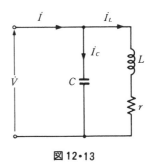

図 12・13

式①，②より

$$\omega C\,|\dot{V}| = |\dot{I_L}|\sin\theta$$

$$\therefore\ C = \frac{|\dot{I_L}|\sin\theta}{\omega\,|\dot{V}|} = \frac{|\dot{I_L}|}{\omega\,|\dot{V}|}\sqrt{1-\cos^2\theta}$$

となる.

　負荷に並列に接続したコンデンサを**力率改善用コンデンサ**または**進相用コンデンサ**という.

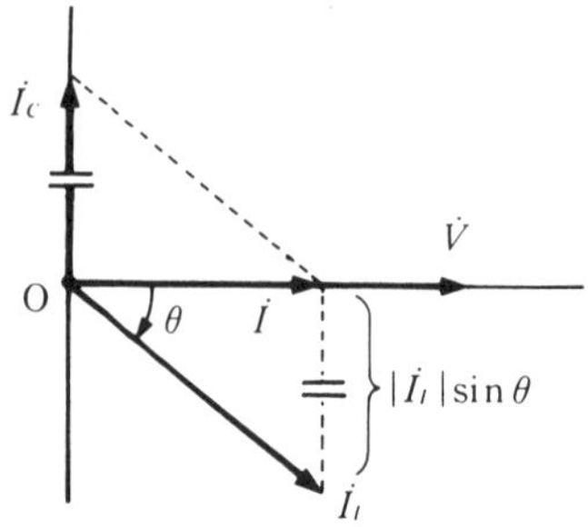

図12・14

● 複素電力

　電圧 $\bar{\dot{V}}$ * と電流 $\dot{I}$ の積を**複素電力**（complex power）という．いま，電圧，電流を

$$v(t) = \sqrt{2}\,|\dot{V}|\sin(\omega t + \varphi)\ \rightarrow\ \dot{V} = |\dot{V}|e^{j\varphi}$$
$$\bar{\dot{V}} = |\dot{V}|e^{-j\varphi}$$
$$i(t) = \sqrt{2}\,|\dot{I}|\sin(\omega t + \varphi + \theta)\ \rightarrow\ \dot{I} = |\dot{I}|e^{j(\varphi+\theta)}$$

とすると

$$\dot{P} = \bar{\dot{V}}\dot{I} \tag{12・15}$$
$$= |\dot{V}|e^{-j\varphi}\dot{I}\,e^{j(\varphi+\theta)} = |\dot{V}||\dot{I}|e^{j\theta}$$
$$= |\dot{V}||\dot{I}|(\cos\theta + j\sin\theta)$$
$$= |\dot{V}||\dot{I}|\cos\theta + j|\dot{V}||\dot{I}|\sin\theta$$
$$= P_a + jP_r \tag{12・16}$$

となり，$\dot{P}$ の実数部は有効電力に，虚数部が無効電力に対応していることがわかる．この $\dot{P}$ は

$$\dot{P} = \dot{V}\bar{\dot{I}} \tag{12・17}$$

と表現することもできる．式（12・15）を用いると，電流が電圧よりも位相が進む容量性負荷のとき $\sin\theta$ に $+j$ がつき，反対に誘導性の負荷のとき $\sin\theta$ に $-j$ がつく．式（12・17）を用いると式（12・15）の場合の逆になる．したがって，無効電力には，正，負があるわけでこれを明記した方がよい．国際電気標準会議（IEC）では，進相電流のとき無効電力が正となる方を推奨している．

　複素電力 $\dot{P}$ に

$$\dot{Z} = R + jX$$

---

　*　$\bar{\dot{V}}$ は $\dot{V}$ の共役複素電圧

$$\dot{V} = \dot{Z}\dot{I}, \qquad \overline{\dot{V}} = \overline{\dot{Z}}\overline{\dot{I}}$$

を代入すると

$$\dot{P} = \overline{\dot{V}}\dot{I} = \overline{\dot{Z}}\,\overline{\dot{I}}\,\dot{I} = \overline{\dot{Z}}|\dot{I}|^2 = (R - jX)|\dot{I}|^2$$

$$= R|\dot{I}|^2 - jX|\dot{I}|^2$$

$$= P_a - jP_r \qquad\qquad (12\cdot18)$$

となり

$$R = \frac{P_a}{|\dot{I}|^2}, \qquad X = \frac{P_r}{|\dot{I}|^2} \qquad\qquad (12\cdot19)$$

の関係式をうる. この R を回路の**実効抵抗**(effective resistance), X を**実効リアクタンス**(effective reactance)という.

例題 12・10 $\dot{V} = 120 - j\,50$ 〔V〕, $\dot{I} = 40 + j\,30$ 〔A〕の場合の有効電力, 無効電力を求めよ.

解説 $\dot{P} = \overline{\dot{V}}\dot{I}$

$$= (120 + j\,50)(40 + j\,30)$$

$$= (4\,800 - 1\,500) + j\,(2\,000 + 3\,600) = 3\,300 + j\,5\,600$$

$$\therefore\ P_a = 3\,300\ 〔\text{W}〕$$

$$P_r = 5\,600\ 〔\text{Var}〕$$

例題 12・11 図 12・15 に示すように, 起電力 $\dot{V}$, 内部インピーダンス $\dot{Z} = r + j\,x$ の電源に, 負荷 $\dot{Z}_L = R_L + jX_L$ を接続したとき, 負荷に供給される電力を最大にする条件および最大電力を求めよ.

解説 負荷に供給される電力は複素電力の実数部である.

$$P_a = \text{Re}\{\dot{P}\} = \text{Re}\{\overline{\dot{V}}\dot{I}\}$$

$$= R_L|\dot{I}|^2 \qquad\qquad ①$$

回路電流 $|\dot{I}|$ は

$$|\dot{I}| = \frac{|\dot{V}|}{|\dot{Z} + \dot{Z}_L|}$$

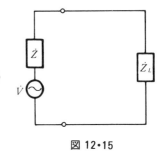

図 12・15

$$= \frac{|\dot{V}|}{|(r+jx)+(R_L+jX_L)|}$$

$$= \frac{|\dot{V}|}{\sqrt{(r+R_L)^2+(x+X_L)^2}} \qquad ②$$

式②を式①に代入すると

$$P_a = \frac{|\dot{V}|^2}{(r+R_L)^2+(x+X_L)^2} R_L$$

$$= \frac{|\dot{V}|^2}{R_L + \dfrac{1}{R_L}\{r^2+(x+X_L)^2\}+2r} \qquad ③$$

P_a が最大になるには式③の分母が最小になればよい. 式③の分母を y とおく.

$$y = R_L + \frac{1}{R_L}\{r^2+(x+X_L)^2\}+2r$$

y の最小条件は

$$\left.\begin{array}{ll} \dfrac{\partial y}{\partial R_L} = 0, & \dfrac{\partial^2 y}{\partial R_L^2} > 0 \\[3mm] \dfrac{\partial y}{\partial X_L} = 0, & \dfrac{\partial^2 y}{\partial X_L^2} > 0 \end{array}\right\} \qquad ④$$

である.

$$\frac{\partial y}{\partial R_L} = 1 - \frac{1}{R_L^2}\{r^2+(x+X_L)^2\} = 0 \qquad ⑤$$

$$\frac{\partial y}{\partial X_L} = \frac{2(x+X_L)}{R_L} = 0 \qquad ⑥$$

式⑥より

$$X_L = -x \qquad ⑦$$

式⑦を式⑤に代入すれば

$$R_L = r \qquad ⑧$$

である.

$$\frac{\partial^2 y}{\partial R_L^2} = \frac{2\{r^2+(x+X_L)^2\}}{R_L^3} = \frac{2}{r} > 0$$

$$\frac{\partial^2 y}{\partial X_L^2} = \frac{2}{R_L} > 0$$

となるので, 式⑦, ⑧は y の極小値を与える条件である. すなわち, 電源の内部インピー

ダンスの共役複素インピーダンスを負荷に接続すれば最大電力を得ることができる. これを**共役整合**という. 式⑦, ⑧の条件を式③に代入すれば, 最大電力は次式となる.

$$P_{a\,max} = \frac{|\dot{V}|^2}{4r} \qquad\qquad ⑨$$

式⑨の値は, 電源 (起電力 $\dot{V}$ と, 内部インピーダンス $\dot{Z} = r + jx$) が定まれば, その電源について固有の値となるので, 固有電力または有能電力という.

12章 演 習 問 題

1　図12・16 の回路の有効電力, 無効電力, 力率を求めよ.

2　図12・17 の回路に 100 [V] を加えたとき, 皮相電力が2 000 [VA] で, 有効電力が1 600 [W] であった. R および X_L の値を求めよ.

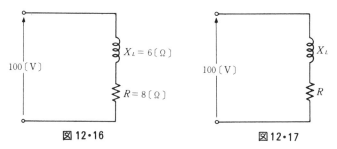

図 12・16　　　　　　　　図12・17

3　抵抗 R [Ω] とリアクタンス X_L [Ω] の直列回路のインピーダンスが 10 [Ω] ならば, R と X_L はいくらか. ただし, この回路の力率 $\cos\theta$ は 0.8 とする.

4　抵抗 R [Ω] とリアクタンス X_C [Ω] の並列回路のインピーダンスが10 [Ω] ならば, R と X_C はいくらか. ただし, この回路の力率 $\cos\theta$ は 0.8 とする.

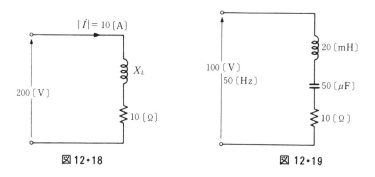

図 12・18　　　　　　　　図 12・19

5　図12·18に示す回路の X_L, 有効電力, 無効電力, 力率を求めよ.

6　図12·19に示す回路の有効電力, 無効電力を求めよ.

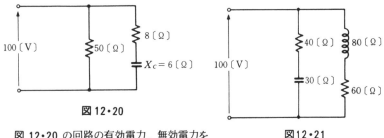

図12·20

7　図12·20の回路の有効電力, 無効電力を求めよ.

8　図12·21の回路の各枝路の有効電力, 無効電力および, 全有効電力, 無効電力を求めよ.

図12·21

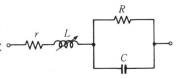

図12·22

9　図12·22に示す回路の合成力率を 100 〔%〕にするには, L の値をいくらにしたらよいか.

10　力率0.7, 皮相電力30〔kVA〕の誘導負荷に並列にコンデンサをつなぎ, 遅れ力率0.9に改善したい. C の値をいくらにしたらよいか. ただし, 電圧は200〔V〕, 周波数は50〔Hz〕とする.

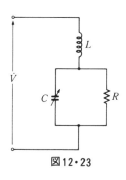

11　図12·23に示す回路において, 抵抗 R に消費される電力を最大とするためには, コンデンサ C の値をいくらにすればよいか. ただし, 電源の周波数は一定とする.

図12·23

12　図12·24に示す回路において, 抵抗 R_1, R_2 に流れる電流の大きさを等しくし, かつ, 入力端子 a, b における力率を0.8にするための R_1, R_2, X の比を求めよ.

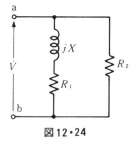

13　負荷の端子電圧 $v(t)$ および端子電流 $i(t)$ がそれぞれ

$$v(t) = \sqrt{2}\,100\sin(100t + 30°)$$
$$i(t) = \sqrt{2}\,\sin(100t + 45°)$$

図12·24

であった. この回路の有効電力, 無効電力, 皮相電力, 力率, リアクタンス率を求めよ.

13 章　相互インダクタンス

空間にいくつかのコイルがある場合，そのコイルの間には電磁的な結合がある．ここで，交流回路の中に磁気的結合回路のある問題について，その基本的な取り扱い方を考えてみよう．

13.1　自己インダクタンスと相互インダクタンス

図 13・1 に示すように，コイル I に電流 $\dot{I}_1$ を流すと磁束 ϕ_1 が発生する．ϕ_1 は電流 $\dot{I}_1$ に比例し

$$\phi_1 \propto \dot{I}_1$$

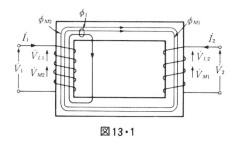

図13・1

であり，比例定数を L_1 とすれば

$$\phi_1 = L_1 \dot{I}_1 \qquad (13\cdot1)$$

である．コイル I の巻数を n_1 とすれば鎖交磁束は $\phi_1 n_1$ で

$$\phi_1 n_1 = L_1 \dot{I}_1 \qquad\qquad\qquad (13\cdot2)$$

となる．

コイル II についても同様にして

$$\phi_2 n_2 = L_2 \dot{I}_2 \qquad\qquad\qquad (13\cdot3)$$

となる．この L_1，L_2 をそれぞれ，コイル I，コイル II の**自己インダクタンス**（self-inductance）という．

ところで，コイル I に電流を流したときコイル I で発生した磁束の一部 ϕ_{M1} はコイル II とも鎖交するので

$$n_2 \phi_{M1} \propto \dot{I}_1$$

であり，比例定数を M_{12} とすると

$$n_2 \phi_{M1} = M_{12} \dot{I}_1 \qquad\qquad\qquad (13\cdot4)$$

となる．コイルIIに電流 $\dot{I}_2$ を流した場合も同様に

$$n_1\phi_{M2}=M_{21}\dot{I}_2 \qquad\qquad (13\cdot5)$$

となる．M_{12} と M_{21} の間には

$$\frac{n_2\phi_{M1}}{\dot{I}_1}=\frac{n_1\phi_{M2}}{\dot{I}_2}=M_{12}=M_{21}=M \qquad\qquad (13\cdot6)$$

のような関係がある．

　M を**相互インダクタンス**（mutual inductance）という．M の単位は当然自己インダクタンスと同じヘンリー〔H〕である．

　コイルI（II）の電流が変化すればコイルII（I）を貫く磁束 ϕ_{M1}（ϕ_{M2}）も変化し，コイルII（I）には電磁誘導の法則により起電力が発生する．

$$\dot{V}_{M1}=j\omega M\dot{I}_1 \quad (\dot{V}_{M2}=j\omega M\dot{I}_2) \qquad\qquad (13\cdot7)$$

コイルIに電圧 $\dot{V}_1$ を加えると電流 $\dot{I}_1$ が流れ，電磁誘導の法則により，コイルIとコイルIIにはそれぞれ $\dot{V}_{L1}$，$\dot{V}_{M1}$ の起電力が発生する．

$$\left.\begin{array}{l}\dot{V}_{L1}=j\omega L_1\dot{I}_1 \\ \dot{V}_{M1}=j\omega M\dot{I}_1\end{array}\right\} \qquad\qquad (13\cdot8)$$

$\dot{V}_{L1}$ は $\dot{V}_1$ と同相，$\dot{V}_{M1}$ は V_2 と同相となる．

　コイルIIに電圧 $\dot{V}_2$ を加えると電流 $\dot{I}_2$ が流れ，コイルIとコイルIIにはそれぞれ $\dot{V}_{M2}$，$\dot{V}_{L2}$ の起電力が発生する．

$$\left.\begin{array}{l}\dot{V}_{M2}=j\omega M\dot{I}_2 \\ \dot{V}_{L2}=j\omega L_2\dot{I}_2\end{array}\right\} \qquad\qquad (13\cdot9)$$

$\dot{V}_{M2}$ と $\dot{V}_1$ は同相，$\dot{V}_{L2}$ と $\dot{V}_2$ は同相となる．

　したがって，キルヒホッフの電圧の法則より

$$\left.\begin{array}{l}\dot{V}_1=j\omega L_1\dot{I}_1+j\omega M\dot{I}_2 \\ \dot{V}_2=j\omega M\dot{I}_1+j\omega L_2\dot{I}_2\end{array}\right\} \qquad\qquad (13\cdot10)$$

となる．

　このように，図 13・1 のようなコイルの巻き方をすれば，コイルIとコイルIIのつくる磁束が相加わるようになり，$\dot{V}_{L1}$ と $\dot{V}_{M2}$，$\dot{V}_{L2}$ と $\dot{V}_{M1}$ が同じ方向に発生する結合と

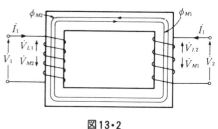

図13・2

なる．このような結合を**和動結合**という．

　図 13・2 に示すようなコイルの巻き方をすると，コイルⅠとコイルⅡのつくる磁束が互いに打ち消し合うように反対方向に生じるから，$\dot{V}_{L1}$ と $\dot{V}_{M2}$，$\dot{V}_{L2}$ と $\dot{V}_{M1}$ が反対方向に発生する結合となる．このような結合を**差動結合**という．

　したがって，回路方程式は式（ 13・11 ）で表わされる．

$$\left.\begin{array}{l}\dot{V}_1 = j\omega L_1\dot{I}_1 - j\omega M\dot{I}_2 \\ \dot{V}_2 = -j\omega M\dot{I}_1 + j\omega L_2\dot{I}_2\end{array}\right\} \qquad (13\cdot11)$$

13.2　相互インダクタンスの正負

　前節で述べたように，相互インダクタンスによる電圧の極性は，コイルの巻き方で決まるが，コイルの巻き方を示して回路図を表現するのは実用的ではない．そこで，つぎのように，ドット（・）を付けて相互インダクタンスによる電圧の極性を定める方法が用いられている．

　　「2つのコイルのドットを付けた方から電流を流す場合，*M*の符号を正とし，どちらかが反対の場合は負とする．」

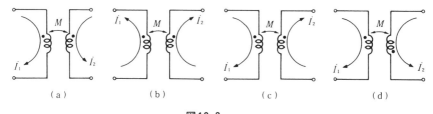

| （ a ） | （ b ） | （ c ） | （ d ） |

図13・3

　図 13・3（a）は*M* > 0である．同図（b）は入力側，出力側ともにドットのある点とは逆の方向から電流が流れ込んでいるが，図に示す向きと反対方向に負の電流が流れていると考えてよいから*M* >0 である．図（c），（d）は出力側の電流がドットのある点と逆方向から電流が流れ込んでいるのでともに*M* <0 となり，*M*を−*M*として回路方程式を立てればよい．

13.3　*M*で結合された回路の等価回路

　図 13・4（a）の回路と等価な図（b）のT型等価回路を作ることを考えてみよう．ただし，図（b）のL_a，L_b，L_cの間には互いに結合はないものとする．結

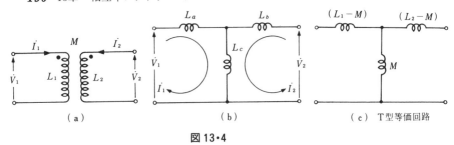

図 13・4

合回路中の相互インダクタンスMを，結合のない自己インダクタンスLで構成される回路に等価変換すると取扱いが簡単になる．

図（a）の回路方程式は

$$\left.\begin{array}{l}\dot{V}_1=j\omega L_1\dot{I}_1+j\omega M\dot{I}_2 \\ \dot{V}_2=j\omega M\dot{I}_1+j\omega L_2\dot{I}_2\end{array}\right\} \qquad (13\cdot12)$$

図（b）の回路方程式は

$$\left.\begin{array}{l}\dot{V}_1=j\omega(L_a+L_c)\dot{I}_1+j\omega L_c\dot{I}_2 \\ \dot{V}_2=j\omega L_c\dot{I}_1+j\omega(L_b+L_c)\dot{I}_2\end{array}\right\} \qquad (13\cdot13)$$

式（13・12）と式（13・13）を比較すれば

$$\left.\begin{array}{l}L_1=L_a+L_c \\ L_2=L_b+L_c \\ M=L_c\end{array}\right\} \qquad (13\cdot14)$$

となる．式（13・14）より

$$\left.\begin{array}{l}L_a=L_1-M \\ L_b=L_2-M \\ L_c=M\end{array}\right\} \qquad (13\cdot15)$$

であれば，図（b）は図（a）の等価回路となる．したがって，等価回路は図（c）で表される．

例題 13・1 図 13・5（a）に示す回路を図（b）に等価変換せよ．

解説 図（a）の回路方程式は

$$\left.\begin{array}{l}\dot{V}_1=j\omega L_1\dot{I}_1-j\omega M\dot{I}_2 \\ \dot{V}_2=-j\omega M\dot{I}_1+j\omega L_2\dot{I}_2\end{array}\right\} \qquad ①$$

図（b）の回路方程式は

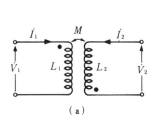 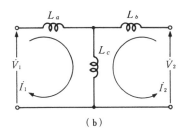

図13・5

$$\left.\begin{aligned}
\dot{V}_1 &= j\omega(L_a+L_c)\dot{I}_1 + j\omega L_c\dot{I}_2\\
\dot{V}_2 &= j\omega L_c\dot{I}_1 + j\omega(L_b+L_c)\dot{I}_2
\end{aligned}\right\} \qquad ②$$

式①，②を比較して

$$\left.\begin{aligned}
L_1 &= L_a+L_c\\
L_2 &= L_b+L_c\\
-M &= L_c
\end{aligned}\right\} \qquad ③$$

式③より

$$\left.\begin{aligned}
L_a &= L_1+M\\
L_b &= L_2+M\\
L_c &= -M
\end{aligned}\right\} \qquad ④$$

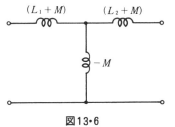

であれば，図（b）は図（a）と等価となる．したが
って，等価回路は**図13・6**で表わされる．

図13・6

例題 13・2 **図13・7**に示すように2つのコイルが直列接続された合成インダ
クタンスはいくらになるか．

解説 **図13・8**に示すように，2つのコイルのドットのある点から電流が流れ込んでいる
ので和動結合である．したがって，回路方程式は

$$\dot{V} = (j\omega L_1\dot{I} + j\omega M\dot{I}) + (j\omega L_2\dot{I} + j\omega M\dot{I}) = j\omega(L_1+L_2+2M)$$

となる．

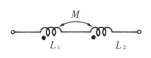

図13・7

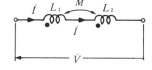

図13・8

$$\therefore L_t = L_1 + L_2 + 2M$$

となる.

例題 13・3 図 13・9 に示すように 2 つのコイルの並列接続された合成インダクタンスはいくらになるか.

解説 図 13・10 に示すように,入力端子に $\dot{V}$ を加え,流れる電流 $\dot{I}$ を求めれば合成インダクタンス $\dot{Z}_t$ は

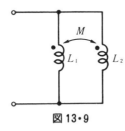

図 13・9

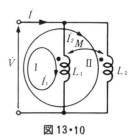

図 13・10

$$\dot{Z}_t = \frac{\dot{V}}{\dot{I}}$$

として求まる.

回路方程式を立てると

$$\left.\begin{array}{l} \dot{V} = j\omega L_1 \dot{I}_1 + j\omega M \dot{I}_2 \\ \dot{V} = j\omega M \dot{I}_1 + j\omega L_2 \dot{I}_2 \end{array}\right\}$$

$$\dot{I}_1 = \frac{\begin{vmatrix} \dot{V} & j\omega M \\ \dot{V} & j\omega L_2 \end{vmatrix}}{\begin{vmatrix} j\omega L_1 & j\omega M \\ j\omega M & j\omega L_2 \end{vmatrix}} = \frac{j\omega(L_2 - M)\dot{V}}{(j\omega L_1)(j\omega L_2) - (j\omega M)^2} = \frac{(L_2 - M)\dot{V}}{j\omega(L_1 L_2 - M^2)}$$

$$\dot{I}_3 = \frac{\begin{vmatrix} j\omega L_1 & \dot{V} \\ j\omega M & \dot{V} \end{vmatrix}}{\begin{vmatrix} j\omega L_1 & j\omega M \\ j\omega M & j\omega L_2 \end{vmatrix}} = \frac{(L_1 - M)\dot{V}}{j\omega(L_1 L_2 - M^2)}$$

回路に流れる電流 $\dot{I}$ は

$$\dot{I} = \dot{I}_1 + \dot{I}_2$$

$$= \frac{(L_2 - M^2)\dot{V}}{j\omega(L_1 L_2 - M^2)} + \frac{(L_1 - M^2)\dot{V}}{j\omega(L_1 L_2 - M^2)} = \frac{(L_1 + L_2 - 2M)\dot{V}}{j\omega(L_1 L_2 - M^2)}$$

$$\therefore \dot{Z}_t = \frac{\dot{V}}{\dot{I}} = j\omega\frac{(L_1 L_2 - M^2)}{(L_1 + L_2 - 2M)}$$

したがって，求める合成インダクタンス L_t は

$$L_t = \frac{L_1 L_2 - M^2}{L_1 + L_2 - 2M}$$

となる．もし，L_1 と L_2 の間に結合がない（$M=0$）ならば，上式で $M=0$ とおけば

$$L_t = \frac{L_1 L_2}{L_1 + L_2}$$

となり，すでに学んできた，2つのコイルの合成インダクタンスになっていることがわかる．

> **例題 13・4**　図 13・11 に示す相互インダクタンスで結合された回路の1次側から見たインピーダンスを求めよ．

解説　図 13・11の回路図中にはドットが記されていないので M が正か負か不明である．このような場合「M に（±）の符号をつけたまま式を立て，解いて得られた結果より M の正負を吟味すればよい．」

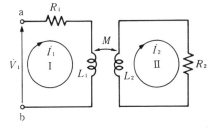

図13・11　相互インダクタンスで
結合された回路

回路方程式は

$$\dot{V} = (R_2 + j\omega L_1)\dot{I}_1 \pm j\omega M\dot{I}_2$$
$$0 = \pm j\omega M\dot{I}_1 + (R_2 + j\omega L_2)\dot{I}_2$$

上式より $\dot{I}_1$ を求めると

$$\dot{I}_1 = \frac{\begin{vmatrix} \dot{V} & \pm j\omega M \\ 0 & (R_2 + j\omega L_2) \end{vmatrix}}{\begin{vmatrix} (R_1 + j\omega L_1) & \pm j\omega M \\ \pm j\omega M & (R_2 + j\omega L_2) \end{vmatrix}} = \frac{(R_2 + j\omega L_2)\dot{V}}{(R_1 + j\omega L_1)(R_2 + j\omega L_2) + \omega^2 M^2}$$

$$= \frac{\dot{V}}{(R_1 + j\omega L_1) + \omega^2 M^2/(R_2 + j\omega L_2)}$$

となる．

したがって，1次側から見たインピーダンス $\dot{Z}$ は

$$\dot{Z} = \frac{\dot{V}}{\dot{I}_1} = (R_1 + j\omega L_1) + \frac{\omega^2 M^2}{(R_2 + j\omega L_2)}$$

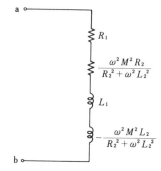

$$=\left\{R_1+\frac{\omega^2 M^2 R_2}{R_2^2+(\omega L_2)^2}\right\}+j\omega\left\{L_1-\frac{\omega^2 M^2 L_2}{R_2^2+(\omega L_2)^2}\right\}$$

となり，2次回路がない場合（$M=0$）に比べ，抵抗は $\omega^2 M^2 R_2/(R_2^2+\omega^2 L_2^2)$ だけ増加し，インダクタンスは $\omega^2 M^2 L_2/(R_2^2+\omega^2 L_2^2)$ だけ減少していることがわかる．したがって，2次回路を1次側に変換した等価回路は**図13・12**に示すようになる．この問題では，M の正負に関係なく同じ結果が得られる．

図13・12　2次側を1次側に変換した等価回路

13章　演習問題

1　図13・13に示すように2つのコイルが直列接続された合成インダクタンスはいくらになるか．

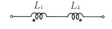

図13・13

2　図13・14の回路の入力インピーダンスを求めよ．

3　図13・15に示す回路において，角周波数 $\omega^2=1/CL_2$ のとき，1次側から見た等価抵抗の値を求めよ．

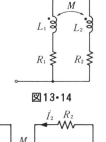

図13・14

4　図13・16に示す回路において $\dot{I}_1$, $\dot{I}_2$，および入力インピーダンスを求めよ．ただし
$$\dot{V}=100\,(\text{V}),\ R_1=10\,(\Omega),\ R_2=5\,(\Omega),$$
$$X_{L1}=10\,(\Omega),\ X_{L2}=5\,(\Omega),\ \omega M=5\,(\Omega),$$
$$X_C=10\,(\Omega)\ とする．$$

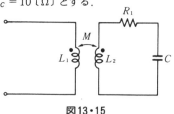

図13・15

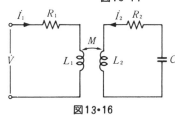

図13・16

5　図13・17のような回路において，相互インダクタンス M を可変にして受話器Dに流れる電流を零にし，加えた交流の周波数を測定しようとする．この場合の周波数を求める式を誘導せよ．この回路を**キャンベルブリッジ**（Campbell bridge）回路と呼んでいる．

6 図 13・18の回路において，$|\dot{I}_1| = |\dot{I}_2|$ で，$\dot{I}_1$ と $\dot{I}_2$ の位相差が $\pi/2$ となる条件を求めよ．

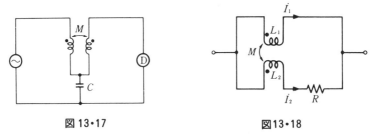

図 13・17   図13・18

7 図 13・19に示す単巻変圧器のT型等価回路を示せ．

8 図 13・20に示す回路に供給される電力を求めよ．

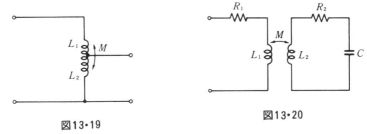

図13・19   図13・20

$\boldsymbol{14}$ 章　交流ブリッジ回路

14.1　ブリッジの平衡条件

　交流ブリッジは，電源が交流で，各辺の素子が R, L, C で与えられる．　各辺の素子をインピーダンスで表わせば図 14・1 に示すようになる．ただし，$\dot{Z}_5$ は検流計の内部インピーダンスである．

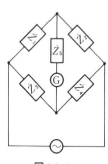

図 14・1

　ブリッジの平衡条件は次のようにして求められる．

　図 14・2 に示すループを用いると回路方程式は

$$\left.\begin{array}{l}(\dot{Z}_1+\dot{Z}_3+\dot{Z}_5)\dot{I}_1+\qquad(\dot{Z}_1+\dot{Z}_3)\dot{I}_2-\qquad\dot{Z}_3\,\dot{I}_3=0\\(\dot{Z}_1+\dot{Z}_3)\dot{I}_1+(\dot{Z}_1+\dot{Z}_2+\dot{Z}_3+\dot{Z}_4)\dot{I}_2-(\dot{Z}_3+\dot{Z}_4)\dot{I}_3=0\\-\dot{Z}_3\dot{I}_1-\qquad(\dot{Z}_3+\dot{Z}_4)\dot{I}_2+(\dot{Z}_3+\dot{Z}_4)\dot{I}_3=\dot{V}\end{array}\right\}\quad(14\cdot1)$$

検流計 G に流れる電流はループ〔I〕の電流のみであるから，上式の連立方程式より $\dot{I}_1$ を求めると

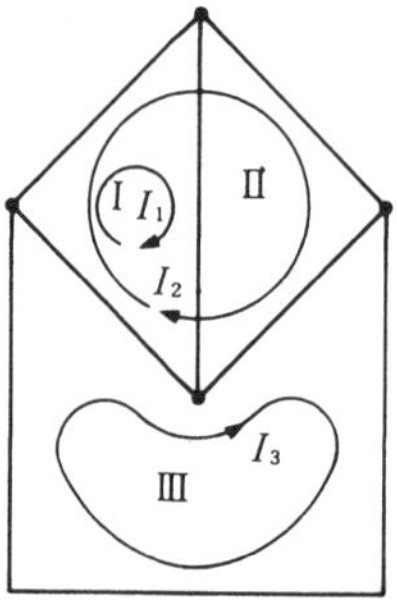

$$\dot{I}_1=\frac{\begin{vmatrix}0&(\dot{Z}_1+\dot{Z}_3)&-\dot{Z}_3\\0&(\dot{Z}_1+\dot{Z}_2+\dot{Z}_3+\dot{Z}_4)&-(\dot{Z}_3+\dot{Z}_4)\\\dot{V}&-(\dot{Z}_3+\dot{Z}_4)&(\dot{Z}_3+\dot{Z}_4)\end{vmatrix}}{D}$$

$$=\frac{\dot{V}\{\dot{Z}_3(\dot{Z}_1+\dot{Z}_2+\dot{Z}_3+\dot{Z}_4)-(\dot{Z}_1+\dot{Z}_3)(\dot{Z}_3+\dot{Z}_4)\}}{D}$$

$$=\frac{\dot{V}\{\dot{Z}_2\dot{Z}_3-\dot{Z}_1\dot{Z}_4\}}{D}\qquad(14\cdot2)$$

図 14・2

ただし，$D=\begin{vmatrix}(\dot{Z}_1+\dot{Z}_3+\dot{Z}_5)&(\dot{Z}_1+\dot{Z}_3)&-\dot{Z}_3\\(\dot{Z}_1+\dot{Z}_3)&(\dot{Z}_1+\dot{Z}_2+\dot{Z}_3+\dot{Z}_4)&-(\dot{Z}_3+\dot{Z}_4)\\-\dot{Z}_3&-(\dot{Z}_3+\dot{Z}_4)&(\dot{Z}_3+\dot{Z}_4)\end{vmatrix}$

となる．ブリッジが平衡するには，$\dot{I}_1=0$ となればよい．　すなわち，式（14・2）

の分子が零となればよいから

$$\dot{Z}_2\dot{Z}_3 - \dot{Z}_1\dot{Z}_4 = 0 \qquad \therefore \dot{Z}_1\dot{Z}_4 = \dot{Z}_2\dot{Z}_3 \qquad (14\cdot3)$$

となり，相対する辺のインピーダンスの積が等しいとき I_1 が零になることがわかる．

式（14·3）で

$$\dot{Z}_1 = |\dot{Z}_1|e^{j\theta_1}, \quad \dot{Z}_2 = |\dot{Z}_2|e^{j\theta_2}, \quad \dot{Z}_3 = |\dot{Z}_3|e^{j\theta_3}, \quad \dot{Z}_4 = |\dot{Z}_4|e^{j\theta_4}$$

とおけば

$$\dot{Z}_1\dot{Z}_4 = \dot{Z}_2\dot{Z}_3, \quad |\dot{Z}_1||\dot{Z}_4|e^{j(\theta_1+\theta_4)} = |\dot{Z}_2||\dot{Z}_3|e^{j(\theta_2+\theta_3)}$$

$$\therefore \begin{cases} |\dot{Z}_1||\dot{Z}_4| = |\dot{Z}_2||\dot{Z}_3| \\ (\theta_1+\theta_4) = (\theta_2+\theta_3) \end{cases} \qquad (14\cdot4)$$

となり，交流ブリッジが平衡するためには，相対する辺のインピーダンスの大きさの積と，位相角が等しくなることが必要である．

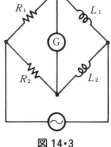

例題 14·1 図14·3 に示すブリッジの平衡条件を求めよ．

解説 $\dot{Z}_1 = R_1, \quad \dot{Z}_2 = j\omega L_1, \quad \dot{Z}_3 = R_2, \quad \dot{Z}_4 = j\omega L_2$

したがって平衡条件の式は次のようになる．

$$\dot{Z}_1\dot{Z}_4 = \dot{Z}_2\dot{Z}_3, \quad R_1 j\omega L_2 = j\omega L_1 R_2$$

$$R_1 L_2 = L_1 R_2 \qquad \therefore \frac{R_1}{R_2} = \frac{L_1}{L_2}$$

図 14·3

例題 14·2 図14·4 に示す**マクスウェルブリッジ**（Maxwell bridge）の平衡条件を求めよ．

解説 $\dot{Z}_1 = R_1, \quad \dot{Z}_2 = R_2 + j\omega L_2, \quad \dot{Z}_3 = R_3, \quad \dot{Z}_4 = R_4 + j\omega L_4$

平衡条件の式は

$$\dot{Z}_1\dot{Z}_4 = \dot{Z}_2\dot{Z}_3$$

$$R_1(R_4 + j\omega L_4) = (R_2 + j\omega L_2)R_3$$

$$\therefore R_1 R_4 + j\omega L_4 R_1 = R_2 R_3 + j\omega L_2 R_3$$

実数部より

$$R_1 R_4 = R_2 R_3, \quad \frac{R_3}{R_1} = \frac{R_4}{R_2}$$

虚数部より

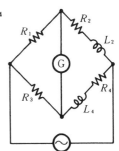

図14·4 マクスウェルブリッジ

$$L_4 R_1 = L_2 R_3 , \quad \frac{R_3}{R_1} = \frac{L_4}{L_2}$$

これらより

$$\frac{R_4}{R_2} = \frac{R_3}{R_1} = \frac{L_4}{L_2}$$

となる. このブリッジはインダクタンスの測定によく用いられる.

例題 14・3 図 14・5 に示す**ウィーンブリッジ**（Wien bridge）の平衡条件を求めよ.

解説
$$\dot{Z}_1 = R_1 , \quad \dot{Z}_2 = \frac{1}{\dfrac{1}{R_2} + j\omega C_2} , \quad \dot{Z}_3 = R_3, \quad \dot{Z}_4 = R_4 + \frac{1}{j\omega C_4}$$

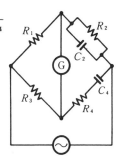

図 14・5 ウィーンブリッジ

平衡条件の式は

$$\dot{Z}_1 \dot{Z}_4 = \dot{Z}_2 \dot{Z}_3$$

$$R_1 \left(R_4 + \frac{1}{j\omega C_4} \right) = \frac{1}{\dfrac{1}{R_2} + j\omega C_2} R_3$$

$$\left(\frac{1}{R_2} + j\omega C_2 \right) \left(R_4 + \frac{1}{j\omega C_4} \right) = \frac{R_3}{R_1}$$

$$\frac{R_4}{R_2} + \frac{1}{j\omega C_4 R_2} + j\omega C_2 R_4 + \frac{C_2}{C_4} = \frac{R_3}{R_1}$$

実数部より

$$\therefore \quad \frac{R_4}{R_2} + \frac{C_2}{C_4} = \frac{R_3}{R_1}$$

虚数部より

$$\frac{1}{C_4 R_2} = \omega^2 C_2 R_4 \quad \therefore \quad \omega = \frac{1}{\sqrt{C_2 C_4 R_2 R_4}}$$

となる. このブリッジは抵抗, コンデンサおよび周波数の測定に用いられる. また, ウィーンブリッジ形発振回路に用いられる.

例題 14・4 図 14・6 に示す**カレー・フォスターブリッジ**（Carey-Foster bridge）の平衡条件を求めよ.

解説 この問題では, 回路図中にドットが記されていないので M の正負は不明である. M

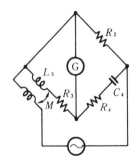

図 14・6 カレー・フォスターブリッジ

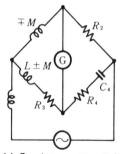

図 14・7 カレー・フォスター
ブリッジの等価回路

に正負の符号を付けたまま計算する．（$\pm$），（$\mp$）の符号は上の符号が和動結合を，下の符号は差動結合を意味する．

相互インダクタンスの部分をT型の等価回路に変換すると**図 14・7**のようになる．

$$\dot{Z}_1 = \mp j\omega M, \quad \dot{Z}_2 = R_2, \quad \dot{Z}_3 = R_3 + j\omega(L \pm M), \quad \dot{Z}_4 = R_4 + \frac{1}{j\omega C_4}$$

平衡条件の式より

$$\dot{Z}_1 \dot{Z}_4 = \dot{Z}_2 \dot{Z}_3 \qquad ①$$

$$\mp j\omega M \left(R_4 + \frac{1}{j\omega C_4} \right) = R_2 \{ R_3 + j\omega(L \pm M) \}$$

$$\therefore \ \mp j\omega MR_4 \mp \frac{M}{C_4} = R_2 R_3 + j\omega R_2(L \pm M) \qquad ②$$

実数部より

$$R_2 R_3 = \mp \frac{M}{C_4} \qquad ③$$

虚数部より

$$R_2(L \pm M) = \mp MR_4 \qquad ④$$

式③，④より和動結合では

$$\left. \begin{array}{l} R_2 R_3 = -\dfrac{M}{C_4} \\[2mm] R_2(L+M) = -MR_4 \end{array} \right\} \qquad ⑤$$

差動結合では

$$\left. \begin{array}{l} R_2 R_3 = \dfrac{M}{C_4} \\[2mm] R_2(L-M) = MR_4 \end{array} \right\} \qquad ⑥$$

となり，負の抵抗は考えられないので，式⑤の和動結合ではブリッジの平衡は実現できない．したがって，このブリッジは式⑥の差動結合の条件で平衡する．

14章　演 習 問 題

1 　図 14・8 に示すブリッジ回路の平衡条件を求めよ．

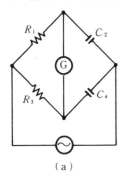
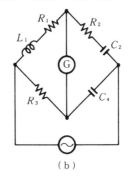
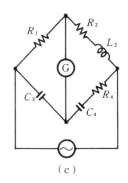

（a）　　　　　　　　　　（b）　　　　　　　　　　（c）

図 14・8

2 　図 14・9 に示す**アンダーソンブリッジ**（Anderson bridge）の平衡条件を求めよ．このブリッジはインダクタンスの測定に用いられる．

3 　図 14・10 に示す**ヘビサイドブリッジ**（Heaviside bridge）の平衡条件を求めよ．

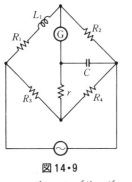
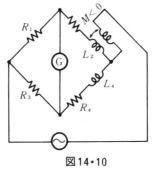
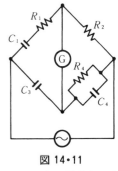

図 14・9　　　　　　　　　図 14・10　　　　　　　　図 14・11

アンダーソンブリッジ　　ヘビサイドブリッジ　　シェーリングブリッジ

4 　図 14・11 に示す**シェーリングブリッジ**（Schering bridge）の平衡条件を求めよ．

5 　図 14・12 に示すブリッジ回路の平衡条件を求めよ．

6 　図 14・13 に示す**ヘイブリッジ**（Hay bridge）の平衡条件を求めよ．

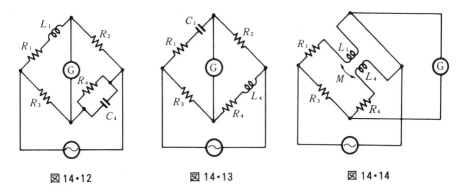

図 14・12　　　　　図 14・13　　　　　図 14・14

7　図 14・14に示すブリッジ回路の平衡条件を求めよ.

8　図 14・15に示すブリッジ回路の平衡条件を求めよ.

9　図 14・16に示す回路により，コイルのインダクタンス L_x およびコイルの Q が測定できる原理について説明せよ.

10　図 14・17に示す回路により，コンデンサの静電容量 C_x，損失抵抗 R_x およびこのコンデンサの誘電正接（$\tan\delta$）が測定できる原理を説明せよ.

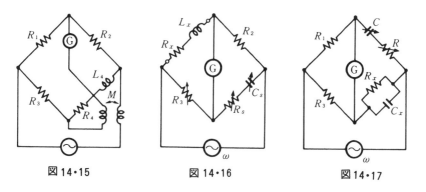

図 14・15　　　　　図 14・16　　　　　図 14・17

演習問題 解答

■第1章の解答

1 $I = \dfrac{10}{5} = 2$ 〔A〕　　　**2**　$2 \times 5 = 10$ 〔C〕

3　電子1個は $e = -1.6 \times 10^{-19}$〔C〕の電気量をもっている.

∴　$\dfrac{5 \times 3}{1.6 \times 10^{-19}} = 9.375 \times 10^{19}$個

4　$V_{ab} = \dfrac{10}{2} = 5$ 〔V〕　　　**5**　$V_{ab} = 5 - (-2) = 7$ 〔V〕

■第2章の解答

1　$I = \dfrac{V}{R} = \dfrac{100}{10} = 10$ 〔A〕　　　**2**　$R = \dfrac{V}{I} = \dfrac{100}{100 \times 10^{-3}} = 1\,000$ 〔Ω〕

3　$V = RI = 10^3 \times 100 \times 10^{-3} = 100$ 〔V〕

4　（a）$R_t = 100 + 1\,500 + 3\,000$　　　（b）$R_t = \dfrac{30 \times 70}{30 + 70} = 21$ 〔Ω〕

$= 4\,600$ 〔Ω〕$= 4.6$ 〔kΩ〕

（c）$R_t = 3$ 〔Ω〕　　　（d）$R_t = 1.2$ 〔kΩ〕　　　（e）$R_t = \dfrac{5}{6} R$

（f）$R_t = \dfrac{19}{7} R$　　　（g）$R_t = \dfrac{1 + \sqrt{5}}{2} R$

5　$I = \dfrac{V}{R} = \dfrac{120}{100} = 1.2$ 〔A〕

（1）$V_{20} = R_{20} I = 20 \times 1.2 = 24$ 〔V〕　　　（2）$V_{30} = R_{30} I = 30 \times 1.2 = 36$〔V〕

（3）$V_b = R_{50} I = 50 \times 1.2 = 60$〔V〕

6　$I = \dfrac{60}{3 + 4 + 5} = 5$ 〔A〕　　　$V_2 = RI = 4 \times 5 = 20$〔V〕

7　（a）$I_1 = \dfrac{15}{5 + 15} \times 10 = 7.5$ 〔A〕　　　（b）$I_1 = \dfrac{1/2}{1/2 + 1/3 + 1/6} \times 6 = 3$〔A〕

$I_2 = \dfrac{5}{5 + 15} \times 10 = 2.5$ 〔A〕　　　$I_2 = \dfrac{1/3}{1/2 + 1/3 + 1/6} \times 6 = 2$〔A〕

$I_3 = \dfrac{1/6}{1/2 + 1/3 + 1/6} \times 6 = 1$〔A〕

8　40〔Ω〕の両端電圧 V は，$V = 5 \times 40 = 200$〔V〕であるから

$R_1 = \dfrac{200}{4} = 50$ 〔Ω〕，　$I_3 = \dfrac{200}{20} = 10$ 〔A〕

9　$R_m = r_m \, (m-1) = 1\,000\,(10-1) = 9\,000\,(\Omega)$

10　$R_s = \dfrac{r_a}{m-1} = \dfrac{0.49}{50-1} = 0.01\,(\Omega)$

11　$R_s = \dfrac{r_a}{m-1}$ より　　　$0.05 = \dfrac{r_a}{3-1}$　　$\therefore r_a = 0.1\,(\Omega)$

12　$R_1 = 6\,(\Omega)$,　　$R_2 = 3\,(\Omega)$

■第 3 章の解答

1　$W = Pt = 0.5 \times 2 \times 30 = 30\,(\mathrm{kWh})$

2　$P = IV = 2 \times 100 = 200\,(\mathrm{W})$,　　$W = Pt = 200 \times 3 = 600\,(\mathrm{Wh})$

3　（1）$W = Pt$ より　　　$P = \dfrac{W}{t} = \dfrac{3\,000}{5} = 600\,(\mathrm{W})$

　（2）$P = IV$ より　　　$I = \dfrac{600}{100} = 6\,(\mathrm{A})$

4　$I = \dfrac{V}{R} = \dfrac{100}{20} = 5\,(\mathrm{A})$

　$H = 0.24\,I^2 Rt = 0.24 \times 5^2 \times 20 \times 60 = 7\,200\,(\mathrm{cal})$

5　$H = 1\,200 \times 40 = 48\,000\,(\mathrm{cal})$

　$t = \dfrac{H}{0.24P} = \dfrac{48\,000}{0.24 \times 500} = 400\,(秒) = 6\,分\,40\,秒$

6　$R = \dfrac{V^2}{P} = \dfrac{100^2}{500} = 20\,(\Omega)$

　$P_1 = \dfrac{V_1^2}{R} = \dfrac{(100+10)^2}{20} = 605\,(\mathrm{W})$,　　$P_2 = \dfrac{V_2^2}{R} = \dfrac{(100-10)^2}{20} = 405\,(\mathrm{W})$

■第 4 章の解答

1　$R = \rho\dfrac{l}{A} = 1.72 \times 10^{-8}\dfrac{100}{5 \times 10^{-6}} = 0.344\,(\Omega)$

2　$R = \rho\dfrac{l}{A}$ より　　　$A = \left(\dfrac{3.5 \times 10^{-3}}{2}\right)^2 \pi = 9.6 \times 10^{-6}$

　$\therefore R = 1.72 \times 10^{-8}\dfrac{1\,000}{9.6 \times 10^{-6}} = 1.79\,(\Omega)$

3　電源から負荷までの銅線の抵抗は

　$R = 1.72 \times 10^{-8}\dfrac{50 \times 2}{(10^{-3}/2)^2 \pi} = 2.19\,(\Omega)$　（往復）

したがって，端子電圧 V_2 は

$$V_2 = 100 - 2.19 \times 10 = 78.1 \,[\text{V}]$$

直径を2倍とすると，銅線の抵抗は

$$R = 1.72 \times 10^{-8} \frac{50 \times 2}{(10^{-3})^2 \pi} = 0.55 \,[\Omega]$$

このときの端子電圧 V_2 は

$$V_2 = 100 - 0.55 \times 10 = 94.5 \,[\text{V}]$$

■第5章の解答

1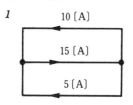

2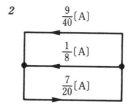

3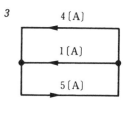

5　$I_1 = 4\,[\text{A}]$ ，　$I_2 = 20\,[\text{A}]$

4

6　図に示すように枝路電流と閉路を定めると

$$\begin{cases} I_1 + I_2 = I_3 \\ 3I_1 - 6I_2 = 2.4 \\ 6I_2 + 6I_3 = 2.4 \end{cases}$$

この連立方程式を解くと次図のようになる

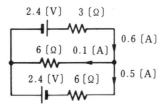

7　図に示すように閉路を定めると

$$\begin{cases} 9I_1 - 6I_2 = 2.4 \\ -6I_1 + 12I_2 = 2.4 \end{cases} \qquad \therefore \begin{cases} I_1 = 0.6\,[\text{A}] \\ I_2 = 0.5\,[\text{A}] \end{cases}$$

となるから，6〔Ω〕に流れる電流は I_1 と I_2 を重ね合わせて

$$I = I_1 - I_2 = 0.6 - 0.5 = 0.1 \text{ (A)}$$

8　図に示すように基準点を定めると

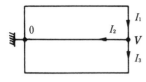

$$I_1 = I_2 + I_3$$

$$\frac{2.4 - V}{3} = \frac{V}{6} + \frac{V + 2.4}{6}$$

$$\therefore \quad V = 0.6 \text{ (V)}$$

$$I_1 = \frac{2.4 - V}{3} = 0.6 \text{ (A)}, \quad I_2 = \frac{V}{6} = 0.1 \text{ (A)}, \quad I_3 = \frac{V + 2.4}{6} = 0.5 \text{ (A)}$$

9　$V_{ba} = 8 \text{ (V)}$

10

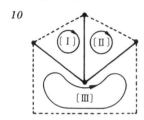

$$\begin{cases} 6.8I_1 - 2I_2 - 4I_3 = 0 \\ -2I_1 + 5I_2 - 2I_3 = 0 \\ -4I_1 - 2I_2 + 6I_3 = 10 \end{cases}$$

$$\therefore I = I_1 - I_2 = \frac{240}{40.8} - \frac{216}{40.8} = \frac{24}{40.8} \quad \text{(A)}$$

11

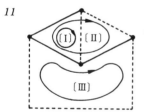

$$\begin{cases} 6.8I_1 + 4.8I_2 - 4I_3 = 0 \\ 4.8I_1 + 7.8I_2 - 6I_3 = 0 \\ -4I_1 - 6I_2 + 6I_3 = 10 \end{cases}$$

$$\therefore I = I_1 = \frac{24}{40.8} \quad \text{(A)}$$

12　このブリッジ回路は平衡しているので

$$R_{ab} = \frac{15 \times 30}{15 + 30} + \frac{15 \times 30}{15 + 30} = 20 \text{ (Ω)}$$

$$R_{cd} = \frac{1}{\dfrac{1}{15 + 30} + \dfrac{1}{45} + \dfrac{1}{15 + 30}} = 15 \text{ (Ω)}$$

■第6章の解答

1　$I = \dfrac{18}{2.4 + 3.6} = 3 \text{ (A)}$

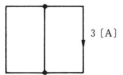

3〔A〕

2 $I = \dfrac{1.6}{1 + 76/30} = \dfrac{24}{53}$ 〔A〕

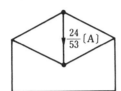

$\dfrac{24}{53}$〔A〕

3 $I = 21 \times \dfrac{50/15}{50/15 + 20} = 3$ 〔A〕

3〔A〕

4

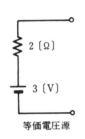

2〔Ω〕

3〔V〕

等価電圧源

1.5〔A〕

2〔Ω〕

等価電流源

5 $V = \dfrac{120/24 - 120/60}{1/24 + 1/60 + 1/40} = 36$ 〔V〕

6 $I = \dfrac{84}{12 + 20} \fallingdotseq 2.6$ 〔A〕

7 $R = \dfrac{1}{1/0.5 + 1/1 + 1/2} = \dfrac{2}{7}$ 〔Ω〕 , $V = \dfrac{1.5/0.5 + 1.5/1 + 1.5/2}{1/0.5 + 1/1 + 1/2} = 1.5$ 〔V〕

8 $I = \dfrac{V_0}{R_5 + \dfrac{R_1 R_2}{R_1 + R_2} + \dfrac{R_3 R_4}{R_3 + R_4}}$

9

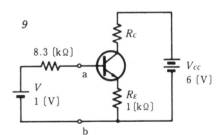

R_c

8.3〔kΩ〕

a

V_{cc}
6〔V〕

V
1〔V〕

R_E
1〔kΩ〕

b

■**第7章の解答**

1

a

1〔Ω〕

0.5〔Ω〕

$\dfrac{2}{6}$〔Ω〕

c

b

2

a

14〔Ω〕

3.5〔Ω〕

c

7〔Ω〕

b

3　$R_{ab} = 9.5 \ (\Omega)$

4　$r_1 = \dfrac{16 \times 8}{8 + 16 + 40} = 2 \ (\Omega)$

5

$$r_2 = \dfrac{8 \times 40}{8 + 16 + 40} = 5 \ (\Omega)$$

$$r_3 = \dfrac{16 \times 40}{8 + 16 + 40} = 10 \ (\Omega)$$

6　$R_1 = r$

　　$R_2 = r$

　　$R_3 = 6.5 \, r$

■第8章の解答

1　$V_m = 100 \ (V)$,　$f = 50 \ (Hz)$,　$T = 20 \ (ms)$

2　（1）$50 \ (Hz)$　（2）$10 \ (MHz)$　（3）$1 \ (MHz)$

3　（1）$\dfrac{\pi}{2}$　　　**4**　（1）$v = 96.6 \ (V)$

　　（2）$\dfrac{5}{12} \pi$　　　　（2）$v = 12.94 \ (V)$

5　$v_1 = V_m \sin\omega t$

　　$v_2 = V_m \sin\left(\omega t + \dfrac{\pi}{2}\right)$

　　　$= V_m \cos\omega t$

6　$I_{av} = 0.637 \ (A)$

　　$I_{rms} = 0.707 \ (A)$

7　$V_m = 50 \ (V)$

　　$V_{av} = 31.85 \ (V)$

　　$V_{rms} = 35.35 \ (V)$

8　（1）$i(t) = 10\sin\left(\omega t + \dfrac{\pi}{4}\right)$

　　（2）$I_m = 10 \ (A)$

　　（3）$I_{p-p} = 20 \ (A)$

　　（4）$I_{av} = 6.37 \ (A)$

　　（5）$I_{rms} = 7.07 \ (A)$

9　$I_{rms} = \dfrac{I_m}{\sqrt{2}}$

10　$V_{av} = \dfrac{1}{T/2} \displaystyle\int_0^{T/2} v\,dt = 63.7 \ (V)$　　**11**　$V_{rms} = \sqrt{\dfrac{1}{T} \displaystyle\int_0^T v^2 dt} = 70.7 \ (V)$

■第9章の解答

1　① $\dot{V} = 100\,e^{j\pi/4}$　② $\dot{V} = 50\,e^{-j\pi/6}$　③ $\dot{I} = 10\,e^{-j\pi/3}$　④ $\dot{I} = 5\,e^{j\pi/6}$

2　① $v = \sqrt{2}\,10\sin(\omega t - \theta)$　　　② $v = \sqrt{2}\,10\sin(\omega t + 30°)$

　　ただし，$\theta = \tan^{-1}\dfrac{4}{3} \fallingdotseq 53.1°$

　　③ $i = \sqrt{2}\,5\sin(\omega t + \theta)$　　　④ $i = \sqrt{2}\,5\sin(\omega t + 20°)$

ただし，$\theta = \tan^{-1}\dfrac{4}{3} \fallingdotseq 53.1°$

3 $\quad \dot{I} = \dfrac{\dot{V}}{\dot{Z}} = 2 - j = \sqrt{5}\,e^{-j\theta}$ 〔A〕

$\quad$（ただし，$\theta = \tan^{-1}\dfrac{1}{2} \fallingdotseq 26.6°$）

$\quad |\dot{I}| = \sqrt{5}$ 〔A〕

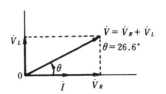

4 $\quad \dot{Z}_L = j\omega L \fallingdotseq j\,16$ 〔Ω〕

$\quad \dot{Z} = 12 + j\,16$ 〔Ω〕

$\quad \dot{I} = \dfrac{\dot{V}}{\dot{Z}} = 3 - j\,4 = 5\,e^{-j\theta}$ 〔A〕

$\quad$（ただし，$\theta = \tan^{-1}\dfrac{4}{3} \fallingdotseq 53.1°$）

$\quad |\dot{I}| = 5$ 〔A〕

$\quad i = \sqrt{2}\,5\sin(100\,\pi t - \theta)$

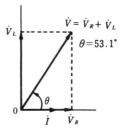

5 $\quad \dot{I} = \dfrac{\dot{V}}{\dot{Z}} \fallingdotseq 2 + j\,4 = \sqrt{20}\,e^{j\theta}$ 〔A〕

$\quad$（ただし，$\theta = \tan^{-1} 2 \fallingdotseq 63.4°$）

$\quad |\dot{I}| = \sqrt{20}$ 〔A〕

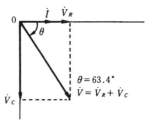

6 $\quad X_c = \dfrac{1}{\omega C} = 9$ 〔Ω〕

$\quad \dot{Z} = 12 - j\,9 = 15\,e^{-j\theta}$

$\quad$（ただし，$\theta = \tan^{-1}\dfrac{3}{4} \fallingdotseq 36.9°$）

$\quad \dot{I} = \dfrac{\dot{V}}{\dot{Z}} = 3.2 + j\,2.4 = 4e^{j\theta}$ 〔A〕

$\quad |\dot{I}| = 4$ 〔A〕

$\quad i = \sqrt{2}\,4\sin(100\,\pi t + \theta)$

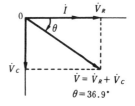

7 $\quad \dot{I} = \dot{I}_R + \dot{I}_L = 8 - j\,6 = 10\,e^{-j\theta}$ 〔A〕

$\quad$（ただし，$\theta = \tan^{-1}\dfrac{3}{4} \fallingdotseq 36.9°$）

$\quad |\dot{I}| = 10$ 〔A〕

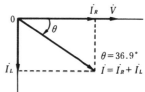

8 $\quad X_L = \omega L = 8$ 〔Ω〕

$\quad \dot{I} = \dot{I}_R + \dot{I}_L = 8 - j\,6 = 10\,e^{-j\theta}$ 〔A〕

$\quad$（ただし，$\theta = \tan^{-1}\dfrac{3}{4} \fallingdotseq 36.9°$）

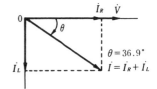

$|\dot{I}| = 10$〔A〕

$i = \sqrt{2}\, 10 \sin(100\,\pi t - \theta)$

9　$\dot{I} = \dot{I}_R + \dot{I}_C = 5 + j\,5 = 5\sqrt{2}\,e^{j\pi/4}$〔A〕

$|\dot{I}| = 5\sqrt{2}$　〔A〕

10　$X_C = \dfrac{1}{\omega C} = 159$〔Ω〕

$\dot{I} = \dot{I}_R + \dot{I}_C = 1 + j\,0.628 = 1.2\,e^{j\theta}$

（ただし，$\theta = \tan^{-1} 0.628 \fallingdotseq 32.1°$）

$|\dot{I}| = 1.2$〔A〕

$i = \sqrt{2}\, 1.2 \sin(100\,\pi t + \theta)$

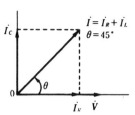

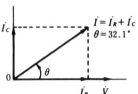

11　$\dot{I}_1 = 1.37 - j\,3.44$

$\dot{I}_2 = 0.47 + j\,3.39$

$\dot{I} = \dot{I}_1 + \dot{I}_2 = 1.84 - j\,0.05 = 1.84\,e^{-j\theta}$

（ただし，$\theta = \tan^{-1}\dfrac{0.05}{1.84} \fallingdotseq 1.56°$）

$|\dot{I}| \fallingdotseq 1.84$〔A〕

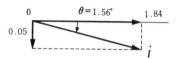

12　$R_1 R_2 = \omega^2 L_1 L_2$　　13　$R = \dfrac{\omega L}{\omega^2 L C - 1}$　　14　$\dfrac{R_1 R + X_L X_c}{X_c R_1 - X_L R_2 + X_c R_2} = \sqrt{3}$

15　$\dot{V} = IR = 100$〔V〕

$\dot{I} = \dot{I}_R + \dot{I}_C = 5 + j\,4 = 6.4\,e^{j\theta}$〔A〕

（ただし，$\theta = \tan^{-1}\dfrac{4}{5} \fallingdotseq 38.7°$）

$|\dot{I}| = 6.4$〔A〕

16　$R = 2.5$〔Ω〕

$X_L = 9.7$〔Ω〕

17　$V_{ab} = 84$〔V〕

■第 10 章の解答

1
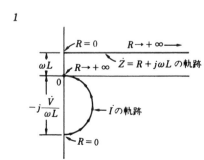

2
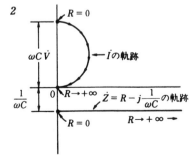

3

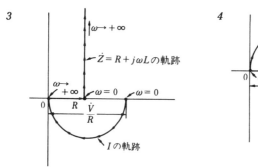

4

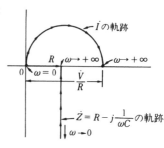

5

$\dot{V}_L = \dfrac{\dot{V}}{1 - j\dfrac{R}{\omega L}}$ の軌跡

$\omega = 0$ $\omega \to +\infty$

0

$\dot{V}$

■第11章の解答

1 $f = \dfrac{1}{2\pi\sqrt{LC}} = 1262.8$ 〔Hz〕

$\dot{V}_R = 100$ 〔V〕, $\dot{V}_L = j\,396.5$ 〔V〕, $\dot{V}_C = -j\,396.5$ 〔V〕

2 $f = \dfrac{1}{2\pi\sqrt{LC}} = 126.28$ 〔Hz〕, $|\dot{I}| = \dfrac{|\dot{V}|}{R} = 0.25$ 〔A〕

3 $L = \dfrac{1}{\omega QG} = 0.016$ 〔μH〕, $|\dot{I}_C| = Q|\dot{I}| = 1$ 〔A〕

4 $Q = 210$ 6 $L = \dfrac{QR}{\omega} = 0.16$ 〔mH〕

7 $R = 20$ 〔Ω〕

$C = \dfrac{1}{\omega QR} = 160$ 〔pF〕

8 $\omega_r = \dfrac{1}{\sqrt{LC}}\sqrt{1 - \dfrac{Cr^2}{L}}$, $Q = \dfrac{\sqrt{\dfrac{C}{L}\left(1 - \dfrac{Cr^2}{L}\right)}}{1/R + Cr/L}$ 9 $R = 857$ 〔kΩ〕

第12章の解答

1 $P_a = 800$ 〔W〕, $P_r = 600$ 〔Var〕, $\cos\theta = 0.8$

2 $R = 4$ 〔Ω〕, $X_L = 3$ 〔Ω〕

3 $R = 8$ 〔Ω〕　　　　　*4* $R = 12.5$ 〔Ω〕

　　$X_L = 6$ 〔Ω〕　　　　　　　$X_c = 16.7$ 〔Ω〕

5 $X_L = 17.32$ 〔Ω〕　　　*6* $P_a = 29$ 〔W〕

　　$P_a = 1000$ 〔W〕　　　　　$P_r = 168$ 〔Var〕

　　$P_r = 1732$ 〔Var〕　　*7* $P_a = 1000$ 〔W〕

　　$\cos\theta = 0.5$　　　　　　　$P_r = 600$ 〔Var〕

8 $P_{a1} = 160$ 〔W〕，　　$P_{a2} = 60$ 〔W〕　　∴ $\begin{cases} P_a = 220 \text{〔W〕} \\ P_r = 200 \text{〔Var〕} \end{cases}$

　　$P_{r1} = 120$ 〔Var〕，　$P_{r2} = 80$ 〔Var〕

9 $L = \dfrac{CR^2}{1+(\omega CR)^2}$　　*10* $C = 894.6$ 〔μF〕　　*11* $C = \dfrac{1}{\omega^2 L}$

12 $R_1 : R_2 : X = 0.28 : 1 : 0.96$

13 $P_a = 96.6$ 〔W〕，　　$P_r = 25.9$ 〔Var〕，　　$\cos\theta = 0.966$

■第13章の解答

1 $L_t = L_1 + L_2 - 2M$

2 $\dot{Z} = \dfrac{(R_1+R_2)\{R_1 R_2 - \omega^2(L_1 L_2 - M^2)\} + \omega^2(L_1+L_2-2M)(R_1 L_2 + R_2 L_1)}{(R_1+R_2)^2 + \omega^2(L_1+L_2-2M)^2}$

　　$+ j\omega \dfrac{(R_1+R_2)(R_1 L_2 + R_2 L_1) - (L_1+L_2-2M)\{R_1 R_2 - \omega^2(L_1 L_2 - M^2)\}}{(R_1+R_2)^2 + \omega^2(L_1+L_2-2M)^2}$

3 $R_e = \dfrac{M^2}{CRL_2}$ （$\omega^2 = 1/CL_2$ のときの入力インピーダンスは

　　　　$\dot{Z} = R_e + jX_e = \dfrac{M^2}{CRL_2} + j\omega L_1$ となる）

4 $\dot{I}_1 = 4 - j4$ 〔A〕　　∴ $|\dot{I}_1| = 4\sqrt{2}$ 〔A〕

　　$\dot{I}_2 = -j4$ 〔A〕　　∴ $|\dot{I}_2| = 4$ 〔A〕

　　$\dot{Z} = 12.5 + j12.5$　　∴ $|\dot{Z}| = \sqrt{2} \times 12.5$

5 $f = \dfrac{1}{2\pi\sqrt{MC}}$　　*7*

6 $M = L_2 = L_1 - \dfrac{R}{\omega}$

8 $P_a = |\dot{I}_1|^2 R_1 + |\dot{I}_2|^2 R_2$

すなわち一次および二次回路で消費される電力の和に等しい.

■ 第14章の解答

1　ⓐ $\dfrac{R_1}{R_3} = \dfrac{C_4}{C_2}$　　ⓑ $\dfrac{R_1}{R_3} = \dfrac{C_4}{C_2}$　　ⓒ $\dfrac{R_2}{R_1} = \dfrac{C_3}{C_4}$

　　　　　　　$L_1 = C_4 R_2 R_3$　　　　　$L_2 = R_1 R_4 C_3$

2　$R_1 R_4 = R_2 R_3$　,　$L_1 = C\{\, r\,(R_1 + R_2) + R_2 R_3\}$

3　$R_4 = \dfrac{R_2}{R_1} R_3$　,　　$L_4 = \dfrac{R_3}{R_1} L_1 + \left(1 + \dfrac{R_3}{R_1}\right) M$

4　$R_1 = \dfrac{C_4}{C_3} R_2$　　　5　$\dfrac{R_1}{R_3} = \dfrac{R_2}{R_4}$　　　6　$R_2 R_3 = R_1 R_4 + \dfrac{L_4}{C_1}$

　$\dfrac{R_4}{R_2} = \dfrac{C_1}{C_3}$　　　　　　$\dfrac{L_1}{R_3} = R_2 R_4$　　　$\omega L_4 R_1 = \dfrac{R_4}{\omega C_1}$

7　$R_1 R_4 = \omega^2 (L_1 L_4 - M^2)$　　8　　$M = \pm\,\dfrac{(R_2 R_3 - R_1 R_4)}{\omega^2 L_4}$

　$M R_3 = L_4 R_1 + L_1 R_4$

　　　　　　　　　　　$L_4 = \dfrac{1}{\omega} \sqrt{\dfrac{(R_2 R_3 - R_1 R_4)}{R_1}\,(R_1 + R_2 + R_3 + R_4)}$

9　$R_x = \omega^2 L_x C_s R_s$　　　10　$C_x = \dfrac{R_1}{R_3}\,\dfrac{C}{1 + (\omega C R)^2}$

　$L_x = \dfrac{R_2 R_3 C_s}{1 + \omega^2 C_s^2 R_s^2}$　　　　$R_x = \dfrac{R_3}{R_1}\,\dfrac{1 + (\omega C R)^2}{\omega^2 C^2 R}$

　$Q = \dfrac{\omega L_x}{R_x} = \dfrac{1}{\omega C_s R_s}$　　　$\tan \delta = \dfrac{1}{\omega C_x R_x} = \omega C R$

索　　引

MEMO

MEMO

MEMO

■ 著者紹介

本田　徳正（ほんだ　のりまさ）

工学院大学二部電気工学科卒業
前日本工学院専門学校電子工学科勤務
第1級無線技術士

- **本書の内容に関する質問は**，オーム社ホームページの「サポート」から，「お問合せ」の「書籍に関するお問合せ」をご参照いただくか，または書状にてオーム社編集局宛にお願いします．お受けできる質問は本書で紹介した内容に限らせていただきます．なお，電話での質問にはお答えできませんので，あらかじめご了承ください．
- 万一，落丁・乱丁の場合は，送料当社負担でお取替えいたします．当社販売課宛にお送りください．
- **本書の一部の複写複製を希望される場合は**，本書扉裏を参照してください．
  JCOPY ＜出版者著作権管理機構 委託出版物＞
- 本書籍は，日本理工出版会から発行されていた『テキストブック 電気回路』をオーム社から発行するものです．

テキストブック 電気回路

2022 年 9 月 10 日　　第 1 版第 1 刷発行

著　　者　本田徳正
発 行 者　村上和夫
発 行 所　株式会社 オーム社
　　　　　郵便番号　101-8460
　　　　　東京都千代田区神田錦町 3-1
　　　　　電話　03(3233)0641(代表)
　　　　　URL　https://www.ohmsha.co.jp/

印刷・製本　平河工業社
ISBN978-4-274-22924-4　Printed in Japan

本書の感想募集　https://www.ohmsha.co.jp/kansou/
本書をお読みになった感想を上記サイトまでお寄せください．
お寄せいただいた方には，抽選でプレゼントを差し上げます．

テキストブック 電子デバイス物性

宇佐美晶・田中勝廣・伊比則彦・高橋市郎　共著　　**A5** 判　並製　**280** 頁　本体 **2500** 円【税別】

電子物性的な内容と，半導体デバイスを中心とする電子デバイス的な内容で構成．超伝導，レーザ，センサなどについても言及．

アナログ電子回路

大類重範　著　　**A5** 判　並製　**308** 頁　本体 **2600** 円【税別】

範囲が広く難しいとされているこの分野を，数式は理解を助ける程度にとどめ，多数の図解を示し，例題によって学習できるように配慮．電気・電子工学系の学生や企業の初級技術者に最適．
【主要目次】 1 章　半導体の性質　2 章　pn 接合ダイオードとその特性　3 章　トランジスタの基本回路　4 章　トランジスタの電圧増幅作用　5 章　トランジスタのバイアス回路　6 章　トランジスタ増幅回路の等価回路　7 章　電界効果トランジスタ　8 章　負帰還増幅回路　9 章　電力増幅回路　10 章　同調増幅回路　11 章　差動増幅回路と OP アンプ　12 章　OP アンプの基本応用回路　13 章　発振回路　14 章　変調・復調回路

ディジタル電子回路

大類重範　著　　**A5** 判　並製　**312** 頁　本体 **2700** 円【税別】

ディジタル回路をはじめて学ぼうとしている工業高専，専門学校，大学の電気系・機械系の学生，あるいは企業の初級・現場技術者を対象に，範囲が広い当分野をできるだけわかりやすく図表を多く用いて解説しています．
【主要目次】 1 章　ディジタル電子回路の基礎　2 章　数体系と符号化　3 章　基本論理回路と論理代数　4 章　ディジタル IC の種類と動作特性　5 章　複合論理ゲート　6 章　演算回路　7 章　フリップフロップ　8 章　カウンタ　9 章　シフトレジスタ　10 章　IC メモリ　11 章　D/A 変換・A/D 変換回路

ディジタル信号処理

大類重範　著　　**A5** 判　並製　**224** 頁　本体 **2500** 円【税別】

ディジタル信号処理は広範囲にわたる各分野のシステムを担う共通の基礎技術です．特に電気電子系，情報系では必須科目です．本書は例題や演習を併用しわかりやすく解説しています．
【主要目次】 1 章　ディジタル信号処理の概要　2 章　連続時間信号とフーリエ変換　3 章　連続時間システム　4 章　連続時間信号の標本化　5 章　離散時間信号と Z 変換　6 章　離散時間システム　7 章　離散フーリエ変換（DFT）　8 章　高速フーリエ変換（FFT）　9 章　FIR ディジタルフィルタの設計　10 章　IIR ディジタルフィルタの設計

図解 制御盤の設計と製作

佐藤一郎　著　　**B5** 判　並製　**240** 頁　本体 **3200** 円【税別】

イラストや立体図を併用して設計・製作時に必須のノウハウを解説しているので現場の設計技術者にとって待望のテキストです．